조주연의 헤어노트

조주연의 헤어노트

조주연 지음

머리와 삶을 함께 다듬은 기록

이음과펼침

프롤로그

가위 끝에 담긴
진짜 이야기

20년째 머리를 만지고 있습니다. 이 작은 미용실은 제게 단순한 일터가 아니었습니다. 손님 한 분 한 분의 머리카락에 집중하며 그분들의 인생을 마주했던 삶의 공간이었습니다.

이곳에서 저는 파마약 냄새보다 더 진한 사람 냄새를 맡았습니다.

새출발을 위해 과감하게 머리를 자르던 취업 준비생, 첫 데이트를 앞두고 설렘을 감추지 못하던 학생, 그리고 오랜 투병 끝에 다시 머리를 기르게 된 분까지.

제 손을 거쳐 간 무수히 많은 머리카락에는 저마다의 이야기가 담겨 있었습니다.

20년이라는 시간 동안 수많은 손님이 저에게 이런 질문들을 했습니다.

'왜 미용실에만 가면 내가 원하는 스타일이 안 나올까요?'

'제 머리는 왜 이렇게 상할까요?'

이 책은 그 질문들에 대한 저의 답이자, 지난 20년간의 모든 경험을 통해 얻은 결과물입니다. 화려한 유행을 좇는 기술이 아니라, 사람마다 다른 모발의 원리를 알려 주는 책입니다.

이 책을 통해 여러분은 미용사가 알려 주지 못한 시술의 숨은 원리부터, 집에서도 전문가처럼 손질하는 실용적인 팁까지 얻을 수 있습니다. 더 이상 미용실 유목민으로 헤매지 마세요. 이 책은 당신이 자신의 머리카락을 가장 잘 이해하고, 실패 없이 **아름다움을 찾아낼 수 있도록 돕는 가장 친절한 가이드**가 될 것입니다.

머리카락 한 올에 담긴 소중한 이야기들. 이제 제가 20년 동안 쌓아 온 기술과 진심을 담아, 당신의 가장 아름다운 순간을 함께하고 싶습니다. 당신이 마주할 새로운 변화의 시작, 바로 이 책에서부터입니다.

차례

| 프롤로그 | 가위 끝에 담긴 진짜 이야기 | 6 |

1 모발, 제대로 알아야 돌본다

두피와 모발, 뿌리부터 이해하기 ... 13
··· 내 두피는 어떤 타입일까? ... 13
··· 두피가 보내는 신호들 ... 15
··· 모발이 자라는 원리 ... 18

샴푸, 매일 하는 가장 중요한 관리 ... 20
··· 샴푸 성분 제대로 읽기 ... 22
··· 두피 타입별 샴푸 선택법 ... 25
··· 손상 모발을 위한 샴푸법 ... 25
··· 올바른 샴푸 습관 만들기 ... 27

탈모, 미리 알아야 지킬 수 있다 ... 29
··· 탈모의 원인 ... 29
··· 탈모의 다양한 유형 ... 33
··· 탈모를 의심해야 할 순간 ... 35
··· 탈모 관리 방법 ... 36

2　머릿결을 살리는 관리의 기술

두피 마사지, 손끝으로 만드는 건강　41
- 두피 마사지의 효과　43
- 집에서 하는 셀프 마사지　44
- 피해야 할 습관　47

드라이, 작은 습관의 힘　48
- 머리를 말리는 올바른 방법　48
- 드라이기로 스타일 살리기　50
- 앞머리와 컬 관리 팁　54

트리트먼트와 클리닉　59
- 린스와 트리트먼트, 무엇이 다를까?　59
- 트리트먼트 제대로 바르는 법　61
- 두피와 모발 클리닉의 효과　63

3　컬러와 스타일, 나를 표현한다

염색, 색으로 완성하는 이미지　73
- 염색약의 종류와 특징　73
- 새치 염색과 전체 염색　77
- 컬러 유지와 관리법　83
- 피부톤별 어울리는 헤어 컬러　85

펌, 스타일에 볼륨을 더하다　89
- 펌의 기본 종류　89
- 얼굴형에 어울리는 펌　114
- 펌 후 손질과 관리　118

커트와 스타일링　124
- 기본 커트의 종류　124
- 남녀 스타일별 대표 컷　128
- 앞머리의 힘　136

4 집에서도 할 수 있는 뷰티 솔루션

셀프 관리   **145**
··· 셀프 염색의 노하우   145
··· 셀프 다운펌 따라하기   149
··· 셀프 앞머리 자르는 방법   152

생활 습관이 머릿결을 바꾼다   **155**
··· 두피 건강을 해치는 습관   155
··· 스트레스와 머리카락   158
··· 펌, 염색 후 생활 속 관리   162

5 Q&A

에필로그   머리카락에 담긴 나의 이야기   198

1

모발, 제대로 알아야 돌본다

두피와 모발,
뿌리부터 이해하기

내 두피는 어떤 타입일까?

쉽게 간과되지만, 모발 관리는 두피에서부터 시작되어야 합니다. 두피는 얼굴 피부의 연장이며, 머리카락이 자라는 땅과도 같습니다.
밭이 건강해야 곡식이 싱싱하게 자라듯, 두피가 건강해야 윤기 있는 머리카락이 자랍니다.

하지만 많은 사람들은 얼굴 피부에는 아낌없이 투자하면서도 두피 관리는 소홀히 하는 경우가 많습니다. 결국 두피는 작은 신호들을 보냅니다.
가려움, 비듬, 기름짐, 붉은기, 빠지는 모발 등 모

든 것이 두피가 보내는 경고입니다.

   한 대학생 손님이 두피 문제로 상담을 요청했습니다. 그는 머리가 금방 기름져 보여 아침과 저녁, 하루 두 번씩 머리를 감는 습관이 있었습니다.
   그렇게 해야만 깔끔하다고 느꼈지만, 실제로는 두피가 쉽게 붉어지고 불편감이 더 심해졌다고 말했습니다.
   두피 상태를 살펴보니 건조하면서도 민감한 부분이 눈에 띄었습니다.
   원인은 과도한 세정이었습니다. 필요한 유분까지 모두 씻겨 나가자 두피는 스스로를 보호하기 위해 오히려 피지를 더 많이 분비한 것입니다.
   겉으로 보기엔 청결해 보일 수 있지만, 지나친 세정이 오히려 악순환을 만들고 있었습니다.
   저는 머리 감는 횟수를 하루 한 번 정도로 줄이고, 자극이 적은 순한 샴푸를 사용하며 손끝으로 부드럽게 마사지하듯 감도록 권했습니다.
   손님은 반신반의하며 돌아갔지만, 며칠 후 다시 찾아왔을 때 두피 상태는 눈에 띄게 호전되어 있었습니다. 그는 "말씀대로 하니까 훨씬 편해졌어요"라며 안도한 표정을 지었습니다.

이 사례는 두피 관리의 핵심이 단순히 '얼마나 자주 감느냐'가 아니라, 적절한 빈도와 방법에 있다는 것을 보여 줍니다. 불필요하게 자주 감는 습관을 줄이고, 두피를 보호하는 세정법을 익히는 것만으로도 큰 변화를 얻을 수 있습니다.

> **TIP** │ 두피 자가 진단 방법
>
> - 아침에 감았는데 저녁에 이미 기름진다. → 지성 두피
> - 하루 종일 건조하고 각질이 떨어진다. → 건성 두피
> - 두피에 붉은기·뾰루지가 자주 생긴다. → 민감성 두피
> - 두피를 만지면 뜨겁거나 딱딱하다. → 열성 두피

두피가 보내는 신호들

두피 건강이 악화되고 있다는 신호는 생각보다 다양한 형태로 나타납니다. 대부분의 사람들은 모발에 이상이 생기기 전까지 두피 상태를 자각하지 못하지만, 두피는 스스로 문제를 알리는 여러 가지 경고 사인을 보냅니다.

가장 흔한 신호 중 하나는 **지속적인 가려움**인데,

특별한 이유 없이 두피가 자주 간지럽고, 손이 자주 가는 경우는 두피의 유수분 밸런스가 깨졌거나 염증이 생기고 있다는 증거일 수 있습니다.

특히 긁을수록 더 가렵고, 손톱으로 긁은 부위에 상처가 생기거나 진물이 나는 경우는 단순 건조가 아닌 피부염이나 감염성 질환일 가능성도 있습니다.

또한 각질이나 비듬이 과도하게 생기는 현상도 두피 건강이 나빠졌다는 대표적인 징후입니다.

건조하거나 자극받은 두피는 방어 기제로 각질을 과도하게 만들어 내며, 이는 하얗게 떨어지는 비듬 형태로 나타납니다.

특히 기름진 비듬이 지속적으로 나타난다면, 지루성 피부염처럼 피지 분비와 염증이 함께 일어나는 상태일 수 있습니다.

두피의 냄새도 주의 깊게 살펴봐야 합니다. 머리를 매일 감아도 쉽게 냄새가 나거나, 머리를 감은 직후에도 찝찝한 느낌이 계속된다면, 두피에 과도하게 피지가 쌓였거나 모공이 막혀 염증이 생기고 있을 가능성이 큽니다.

이는 두피 속 미생물 균형이 깨졌다는 신호로 볼 수 있으며, 모낭염 등으로 이어질 수 있습니다.

두피 통증이나 열감, 혹은 눌렀을 때 불쾌한 느낌

이 드는 것도 이상 신호입니다. 스트레스나 순환 장애, 또는 모낭 염증으로 인해 두피에 미세한 통증이 발생할 수 있으며, 이런 경우 두피의 혈류 순환이 원활하지 않다는 의미입니다. 두피가 붉게 달아오르거나 화끈거리는 느낌이 동반된다면 **염증 반응**이 이미 진행 중인 상태일 수 있습니다.

모발 변화 역시 두피 건강과 직결됩니다. 예를 들어, 갑자기 머리카락이 가늘어지거나 평소보다 많이 빠지는 경우, 이는 단순히 모발의 문제가 아니라 두피에서 영양 공급이 원활하지 않다는 신호입니다.

특히 머리를 감을 때나 빗을 때 머리카락이 뭉텅이로 빠지거나, 모발이 자라지 않고 같은 길이에서 끊어지는 증상이 나타난다면 두피 건강이 악화되고 있다는 경고로 받아들여야 합니다.

마지막으로, 두피에 딱딱한 피지 덩어리(모공 막힘)나 좁쌀처럼 오돌토돌한 돌기가 만져진다면 모공이 막히고 피지선이 과도하게 활동하고 있음을 의미합니다.

이는 세균 감염, 피지 과다 분비, 혹은 세정 습관의 문제 등 여러 가지 원인으로 발생할 수 있으며, 방치할 경우 탈모로 진행될 가능성이 높습니다.

따라서 두피 건강이 의심되는 신호가 반복된다

면, 단순히 샴푸를 바꾸는 것을 넘어서 두피 상태를 전문적으로 의사에게 진단받고, 생활 습관과 세정 습관을 점검해 보는 것이 바람직합니다.

모발이 자라는 원리

모발은 피부 속 진피층에 위치한 모낭(hair follicle) 이라는 구조에서 생성됩니다.

이 모낭 속 가장 아래에는 모모(毛母)세포(hair matrix cells)가 있는데, 이 세포들이 빠르게 분열하면서 케라틴 단백질을 만들어 냅니다.

이 케라틴 세포들이 점점 위로 밀려 올라가면서 각질화(keratinization)되고, 딱딱하게 굳어져 하나의 실 모양 구조, 즉 머리카락이 됩니다.

모낭 밑에는 모유두(毛乳頭, dermal papilla)라는 구조가 있어, 혈관과 연결되어 있으며 산소와 영양분을 공급합니다. 이 혈류 공급이 원활해야 건강한 모발이 자랄 수 있으며, 혈액순환이 부족해지면 모발의 성장도 둔화됩니다.

모발은 계속 자라는 것이 아니라 일정한 성장 주기를 따릅니다. 이 주기는 성장기 → 퇴행기 → 휴지기로 나뉘며, 이 과정을 반복하면서 모발이 자라고 빠집니다.

모발의 성장은 일정한 주기를 따르며, 호르몬, 영양, 혈액순환, 스트레스 등의 요인에 따라 성장 속도와 모발의 굵기, 수명 등이 달라집니다.

건강한 모발을 유지하려면 이 성장 메커니즘을 이해하고, 모낭이 최적의 환경에서 기능할 수 있도록 돕는 것이 중요합니다.

두피를 청결하게 유지하고, 영양을 충분히 공급하며, 스트레스를 줄이는 생활습관이 기본적인 모발 건강의 핵심입니다.

샴푸, 매일 하는
가장 중요한 관리

　많은 사람들이 샴푸를 그저 '머리를 감는 행위'로만 생각합니다. 하지만 샴푸는 단순한 청결을 넘어, 두피의 건강을 지키고 모발을 보호하는 중요한 생활 습관이며, 나아가 하루의 피로와 스트레스를 씻어내는 하나의 '작은 의식'이기도 합니다.
　현대 사회에서 우리의 두피는 생각보다 많은 자극에 노출되어 있습니다. 대기 중의 미세먼지, 자외선, 땀과 피지, 스타일링 제품의 잔여물, 그리고 일상 속의 스트레스까지. 하루를 보내는 동안 우리의 두피는 수많은 오염 물질과 피로를 고스란히 흡수합니다.
　이때 샴푸는 단순히 머리카락을 적시고 거품을 내는 행위가 아니라, 그날 하루 쌓인 노폐물과 긴장을 씻어내고, 두피를 원래의 건강한 상태로 되돌려 주는 중요한 과정입니다.

특히 두피는 모발이 자라는 토양과도 같은 존재입니다. 두피에 피지나 각질이 쌓여 모공이 막히면, 모낭은 제 기능을 하지 못하고, 건강한 모발을 자라게 할 수 없습니다.

이는 탈모나 두피 트러블로 이어질 수 있으며, 한 번 악화된 두피 상태는 회복에 긴 시간이 걸리기도 합니다. 정기적이고 올바른 샴푸는 두피를 청결하게 유지하고, 혈액순환을 도와 모낭에 영양이 잘 공급될 수 있도록 하는 가장 기본적인 두피 관리 방법입니다.

뿐만 아니라 샴푸는 몸과 마음의 긴장을 푸는 힐링의 시간이기도 합니다.

따뜻한 물로 두피를 적시고, 거품으로 부드럽게 마사지하면서 우리는 무의식적으로 하루 동안의 피로와 긴장을 씻어냅니다.

특히 손끝으로 두피를 자극하며 느끼는 감각은 혈류를 개선하고, 두피에 활력을 불어넣는 동시에 심리적인 안정감까지 주는 효과가 있습니다.

실제로 많은 전문가들은 **샴푸를 단순히 '씻는 시**

간'이 아닌 '돌보는 시간'으로 인식하라고 말합니다. 하루 한 번, 두피와 자신을 위해 시간을 들여 부드럽게 마사지하듯 샴푸를 하는 것만으로도 두피 건강은 물론 정서적 안정까지 얻을 수 있는 셈입니다.

또한, **샴푸의 선택도 매우 중요**합니다.

두피 타입과 컨디션에 맞지 않는 제품을 사용할 경우 오히려 유분 밸런스를 무너뜨리거나 염증을 유발할 수 있기 때문에, 자신의 두피 상태에 맞는 샴푸를 고르는 것도 두피 건강을 지키는 첫걸음이 됩니다.

샴푸 성분 제대로 읽기

샴푸의 주요 성분을 살펴보면 이렇습니다.
- 계면활성제: 거품을 내고 피지와 노폐물을 씻어내는 핵심 성분
- 실리콘: 모발을 코팅해 윤기를 주지만, 두피 모공을 막아 트러블 유발 가능
- 황산염(SLS, SLES): 강력한 세정력과 거품을 주지만, 민감한 두피에는 자극이 될 수 있으므로 주의 필요
- 파라벤: 방부제 역할을 하지만 호르몬 교란

가능성이 있어 주의 필요
- 미네랄 오일: 통기성을 방해해 두피 트러블 유발 가능

40대 여성 고객님이 두피와 모발 문제로 상담을 요청하셨습니다. 가장 큰 고민은 지속적인 두피 가려움과 점점 거칠어지는 머릿결이었습니다.

특별히 두피 질환이 있는 것도 아니고, 평소 생활 습관에도 큰 문제가 없어 보였지만, 상태는 분명히 악화되고 있었습니다.

원인을 찾기 위해 사용하던 샴푸 성분을 확인해 보니 황산염 계열 계면활성제와 파라벤이 포함되어 있었습니다.

이런 성분은 세정력이 강하지만 두피의 보호막을 약화시키고, 시간이 지날수록 가려움·건조·손상을 유발할 수 있습니다.

저는 순한 약산성 샴푸로 교체할 것을 권했습니다. 약산성 제품은 피부와 비슷한 pH를 유지해 자극을 줄이고, 두피의 유·수분 균형을 지켜 줍니다.

고객님은 처음에는 "정말 샴푸만 바꿔도 괜찮아질까요?"라며 반신반의했지만, 꾸준히 사용한 결과 변화를 체감했다고 했습니다.

두 달쯤 지난 뒤 다시 방문하셨을 때는 두피 가려움이 크게 줄었고, 모발도 한결 부드럽게 가라앉아 있었습니다.

이 사례는 두피와 모발 문제가 단순히 외부 환경 때문만이 아니라, 매일 사용하는 샴푸 성분과 밀접하게 관련되어 있음을 보여 줍니다.

올바른 제품 선택이 건강한 두피와 머릿결을 지키는 출발점이라는 사실을 다시 확인할 수 있었습니다.

TIP | 샴푸 성분 확인

두피가 가렵거나 모발이 푸석해진다면 샴푸 성분표를 반드시 확인해 보세요.

'순한 제품'이라는 광고 문구만 믿지 말고, 무실리콘·약산성 표기를 직접 확인해야 합니다.

샴푸는 보통 pH 4.5~6.5의 약산성으로 만들어집니다. 이는 두피와 모발의 자연 상태와 가장 가까워 자극을 줄이고 손상을 막습니다.

두피와 모발 건강을 지키려면 약산성 샴푸를 선택하는 것이 좋습니다.

두피 타입별 샴푸 선택법

두피 타입별 샴푸 선택법은 다음과 같습니다.
- 일반 두피: 보통 제품으로 충분
- 비듬성 두피: 비듬 전용 샴푸나 약산성 샴푸 사용(증상이 심하면 피부과 상담 필요)
- 민감성 두피: 약산성 샴푸를 사용하고, 순하고 자극 없는 제품 권장
- 지루성 두피: 지성용 샴푸 사용. 피지가 많은 부위에 발생, 심하면 염증·탈모로 이어짐

손상 모발을 위한 샴푸법

현대인의 모발은 **드라이, 염색, 펌 등으로 대부분 손상**되어 있습니다. 모발은 단백질로 이루어져 있어 수분과 영양이 부족하면 쉽게 끊어지고 갈라집니다.

20대 여성 한 분이 모발 손상 문제로 상담을 요청했습니다. 그녀의 가장 큰 고민은 머리끝이 쉽게 끊어지고, 전체적으로 머릿결이 거칠게 느껴진다는 점이었습니다. 특별히 염색이나 파마를 자주 한 것은

아니었지만, 이야기를 나눠 보니 매일 고데기를 사용해 스타일링을 하고 있었습니다.

　매일 반복된 고온의 열이 모발에 큰 부담을 주고 있었던 것이지요.

　모발은 단백질로 이루어져 있어 열에 반복적으로 노출되면 구조가 약해지고, 결국 끊어짐이나 갈라짐으로 이어집니다.

　실제로 그녀의 머리끝은 건조해 하얗게 갈라져 있었고, 손으로 만져도 쉽게 부스러질 만큼 약해져 있었습니다. 저는 우선 모발에 영양을 보충할 수 있는 트리트먼트를 꾸준히 사용하도록 권했습니다. 더 중요한 점은 드라이와 스타일링 습관을 바꾸는 것이었습니다.

　고데기의 사용 빈도를 줄이고, 꼭 열 보호제(에센스)를 사용하도록 안내했습니다.

　두 달 정도 지나 다시 방문했을 때, 그녀의 머릿결은 이전과는 확연히 달라져 있었습니다. 머리끝의 끊어짐이 줄었고, 손으로 빗어도 매끄럽게 감기는 느낌이 돌아왔습니다. "고데기를 조금만 줄였을 뿐인데 이렇게 달라질 줄 몰랐어요"라며 놀라워했습니다.

　이 사례는 모발 관리에서 화학 시술뿐 아니라 일

상적인 습관이 얼마나 중요한지를 보여 줍니다. 매일 무심코 반복하는 작은 행동이 머릿결을 약하게 만들 수도, 건강하게 돌려놓을 수도 있습니다.

> **TIP** | 손상 모발 관리법
> - 하루 1회 저녁 샴푸 권장(왁스 또는 스프레이를 사용한 경우는 반드시 제거 후 취침)
> - 트리트먼트는 모발 끝 위주로 바르기
> - 드라이할 때는 **뜨거운 바람보다 찬 바람 사용**

올바른 샴푸 습관 만들기

1. 샴푸 전 브러싱(빗질)으로 먼지를 털어냅니다.
2. 미지근한 물로 두피와 모발을 충분히 적십니다.
3. 샴푸는 500원짜리 동전 크기, 두피 위주로 거품 내어 마사지합니다.
4. 1~2분 후 깨끗하게 헹굽니다.
5. 트리트먼트를 모발 끝 위주로 도포합니다.

샴푸 시에 거품을 내고 머리에 둔 채 꼭 1~2분

정도 있어야 합니다. 두피를 깨끗이 하고 영양분이 들어갈 수 있는 시간입니다.

> **TIP | 상황별 샴푸법**
>
> - 청소년기: 과도한 피지 분비를 잡기 위해 하루 1회 규칙적으로 감고, 샴푸 시 2번 정도 샴푸를 해 줍니다.
> - 탈모인: 두피를 자극하지 않도록 **미온수 사용**, 손톱이 아닌 **손가락 끝(지문)으로 마사지**합니다.
> - 지루성 두피(지성용 두피): 기름기가 많다고 너무 뜨거운 물로 샴푸하면 기름기가 싹 빠져 다음에 기름기가 너무 빨리 올라옵니다. 지성용 샴푸로 **미지근한 물로 샴푸**를 하는 것이 좋습니다.
> - 민감성 두피 : 두피가 민감해서 미온수로 자극 없이 샴푸해 주고, **모발을 말릴 때도 찬 바람으로** 두피까지 말려 줍니다.

탈모, 미리 알아야
지킬 수 있다

탈모의 원인

　탈모는 매우 흔한 현상이지만, 그 원인을 정확히 이해하고 접근하는 것이 중요합니다.
　일반적으로 탈모는 유전적 요인과 환경적 요인이라는 두 가지 큰 틀에서 발생합니다.
　이 두 요인은 독립적으로 작용하기도 하지만, 대부분의 경우 상호 영향을 주면서 복합적으로 탈모를 유발하거나 악화시킵니다.
　먼저, 유전적 요인은 선천적으로 물려받은 체질이나 호르몬 반응성 때문에 발생하는 탈모를 의미합니다.
　가장 대표적인 형태는 안드로겐성 탈모로, 흔히

남성형 또는 여성형 탈모라고 불립니다.

　남성형 탈모는 이마 양쪽의 헤어라인이 점차 후퇴하거나 정수리 부위가 먼저 벗겨지는 경향을 보이며, 여성형 탈모는 정수리 부위의 모발이 점점 가늘어지고 전체적으로 밀도가 감소하는 형태로 나타납니다.

　이러한 탈모의 가장 큰 원인은 DHT(디하이드로테스토스테론)라는 호르몬입니다. 이는 테스토스테론이 변형된 형태로, 유전적으로 DHT에 민감한 모낭을 가진 사람에게는 탈모를 유발할 수 있습니다.

　DHT는 모낭을 점점 작아지게 만들어 결국에는 더 이상 건강한 모발을 생산하지 못하게 만듭니다.

　부모나 조부모 중에 탈모가 있는 경우, 이 유전적 성향이 자식에게도 전해질 가능성이 높습니다.

　특히 어머니 쪽에서 유전되는 경향이 있다는 연구도 있으며, 이런 유전적 탈모는 조기에 시작되어 점차 진행되는 특징이 있습니다.

　반면, 환경적 요인에 의한 탈모는 외부 자극이나 생활 습관, 건강 상태 등에 의해 발생합니다.

　이는 선천적인 요인과 달리 관리나 개선을 통해 비교적 회복 가능성이 높은 탈모에 해당합니다.

　대표적인 환경적 요인으로는 **스트레스, 영양 불균형, 수면 부족, 두피 질환, 약물 부작용, 호르몬 변화** 등이 있습니다.

스트레스는 탈모에 큰 영향을 주는 요인 중 하나인데, 심한 정신적 긴장은 신체의 호르몬 균형을 무너뜨리고, 모발 성장 주기를 방해하여 갑작스러운 탈모를 유발할 수 있습니다.

이는 특히 휴지기 탈모라고 불리는 형태로 나타나며, 갑작스럽게 모발이 빠지는 양이 증가합니다.

또한 영양 상태도 모발 건강에 직접적인 영향을 미칩니다. 단백질, 철분, 아연, 비타민B군 등은 모발을 구성하거나 성장시키는 데 필수적인 영양소들입니다. 과도한 다이어트나 불균형한 식사는 이러한 영양소의 부족을 초래해 탈모로 이어질 수 있습니다. 수면 부족 역시 성장호르몬 분비를 방해해 모발의 성장에 좋지 않은 영향을 줍니다.

이 외에도 펌이나 염색, 고온의 드라이기 사용 등 화학적·열적 자극은 모발뿐 아니라 두피에도 자극을 주어 탈모를 악화시킬 수 있으며, 지루성 피부염이나 곰팡이 감염과 같은 두피 질환 역시 건강한 모발의 생장을 방해합니다.

특정 약물을 복용 중일 경우에도 탈모가 부작용으로 나타날 수 있는데, 항암제, 항우울제, 피임약, 고혈압약 등이 여기에 해당합니다.

특히 여성의 경우 임신과 출산, 폐경과 같은 호르몬 변화의 시기에 탈모가 급격히 진행되기도 합니다. 예를 들어 산후 탈모는 출산 이후 호르몬 균형이 급격히 바뀌면서 일시적으로 머리카락이 빠지는 현상으로, 대부분은 시간이 지나면서 자연스럽게 회복됩니다.

이처럼 유전적 요인은 통제하기 어렵지만, 환경적 요인은 개인의 노력에 따라 얼마든지 예방하고 관리할 수 있습니다.

유전적 소인이 있다고 해도 환경적 요인을 잘 관리하면 탈모의 진행을 늦추거나 증상을 완화시킬 수 있습니다.

결론적으로, 탈모는 단일한 원인으로 발생하지 않으며, 유전과 환경이라는 두 축이 복합적으로 작용합니다.

따라서 탈모를 예방하거나 치료하고자 할 때에는 자신의 두피와 모발 상태를 정확히 진단받고, 유전적 요인뿐만 아니라 생활 습관, 건강 상태, 스트레스 관리 등 전반적인 요인을 함께 고려하는 접근이 필요합니다.

전문가의 도움을 받아 정확한 탈모 유형을 파악하고, 그에 맞는 치료나 관리를 시행하는 것이 가장 효과적인 방법입니다.

탈모의 다양한 유형

 가장 흔하게 나타나는 탈모 유형으로, 유전적인 요인과 호르몬의 영향으로 발생합니다.
 남성의 경우, 이마 양 옆이 M자 형태로 점차 들어가거나, 정수리 부위가 점점 휑해지는 패턴으로 나타납니다.
 여성형 탈모는 M자 형태보다는 정수리 부분의 모발이 전체적으로 가늘어지며 숱이 줄어드는 형태로 나타나며, 모발선 자체는 유지되지만 두피가 비쳐 보일 정도로 밀도가 줄어듭니다.
 자가면역 반응에 의해 발생하는 탈모로, 신체가 자신을 공격하는 면역 이상으로 인해 모낭이 손상되면서 탈모가 일어납니다.
 대개 동전 크기만 한 크기의 원형 또는 타원형 부위의 머리카락이 갑자기 빠지는 형태로 나타나며, 증상은 크기나 범위에 따라 다양합니다.

주요 탈모 형태는 다음과 같습니다.

- M자형: 이마 양쪽부터 빠지는 형태

<M자형>

- O자형: 정수리부터 빠지는 형태

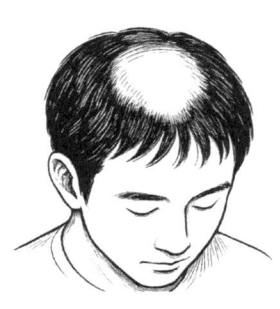

<O자형>

- U자형: 이마 전체 라인에서 빠지는 형태

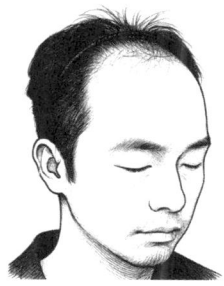

<U자형>

- 기타(원형탈모): 정수리 이외에 동전 크기의 원형으로 생기는 형태

탈모를 의심해야 할 순간

탈모를 의심해야 할 징후는 다음과 같습니다.
- 평소보다 빠지는 양이 갑자기 늘어난다.
- 정수리 숱이 줄고 모발이 가늘어진다.
- 베개 주변에 머리카락이 많이 떨어진다.
- 앞쪽과 뒤쪽 머리카락의 굵기 차이가 난다.
- 두피 피지량이 갑자기 늘어난다.

- 비듬이 많아지고 두피가 가렵다.

상담을 하다 보면 가장 많이 받는 질문이 있습니다. "원장님, 하루에 몇 가닥 빠지면 탈모인가요?" 사실 중요한 건 개수가 아닙니다.

변화가 있느냐입니다. 빠지는 양이 갑자기 늘었거나, 모발이 눈에 띄게 가늘어졌다면 바로 점검해야 할 신호입니다.

머리카락은 두피에서 태어나고, 두피는 생활 습관에 의해 건강해집니다. **두피를 아는 것이 곧 머리카락을 지키는 첫걸음입니다.**

탈모 관리 방법

탈모 관리 방법은 생활 습관 개선과 치료를 병행하는 것이 효과적입니다.

규칙적인 운동, 균형 잡힌 식단, 충분한 수면, 스트레스 관리가 중요합니다.

필요에 따라 전문가와 상담하며 약물 치료나 모발 이식 등의 방법을 고려할 수 있습니다.

TIP | 생활 습관 개선

- 혈액순환을 촉진하여 모발 성장에 도움을 줄 수 있는 **두피 마사지**를 합니다.
- 단백질, 비타민, 미네랄, 비타민B군(비오틴), 아연, 철분, 비타민C 등 모발 성장에 필요한 영양소를 충분히 섭취해야 합니다.
- 하루 7~8 시간의 **충분한 수면**을 취하는 것이 좋습니다.
- 명상, 요가, 취미 활동 등 자신만의 **스트레스 해소법**을 찾습니다.
- 흡연과 과도한 음주는 피합니다.

TIP | 탈모 샴푸 고르는 법

탈모 샴푸는 중건성용 샴푸와 지성용 샴푸로 나뉩니다.

- 중건성용 샴푸: 모발이 가늘어지고 두피가 민감해졌을 때 사용하는 샴푸
- 지성용 샴푸: 두피에 기름기가 많을 때 사용하는 샴푸

TIP | 전문적인 치료

- 약물 치료: 탈모의 원인과 진행 정도에 다양한 약물 치료제를 사용합니다.
- 모발 이식: 탈모가 많이 진행된 경우, 뒷머리 모발을 이식하는 방법이 효과적입니다.
- 두피 스케일링: 탈모 초기에 두피를 깨끗하게 관리하고, 두피에 영양을 줍니다.
- 두피에 자극을 피함: 과도한 샴푸나 파마, 염색 등을 피합니다. 미지근한 물을 사용하고, 손가락으로 부드럽게 마사지하듯 머리를 감습니다.
- **통풍을 위해 모자 착용을 피합니다.**
- 두피에 좋은 성분이 함유된 샴푸나 두피팩을 사용합니다.

2

머릿결을 살리는
관리의 기술

두피 마사지,
손끝으로 만드는 건강

　미용실에서 일하면서 하루에도 수많은 고객님들의 머리를 감겨 드리다 보면, 샴푸를 하는 그 짧은 순간에도 두피의 상태가 손끝으로 느껴질 때가 많습니다. 어떤 분은 두피가 딱딱하게 굳어 있거나, 반대로 너무 물렁물렁하고 탄력이 없는 경우도 있죠.
　그럴 때면 단순히 모발 관리뿐 아니라 두피 자체의 건강 상태가 좋지 않구나 하고 직감하게 됩니다.
　얼마 전, 단골로 자주 오시는 30대 남성 고객님 한 분이 계셨습니다. 늘 그렇듯 시술 전 샴푸를 해드리고 있었어요.
　샴푸를 하면서 저는 자연스럽게 목뒤에서부터 두피 전체를 부드럽게 마사지해드렸는데요, 특히 목듸 쪽을 살짝 눌러드렸을 때, 그 고객님이 "어우, 거기만 눌렀는데도 왜 이렇게 시원하죠?" 하시며 크게 반응하셨습니다.

사실 저는 그 순간 이미 느끼고 있었습니다. 목 뒤 근육이 많이 굳어 있고, 그 뭉침이 두피까지 영향을 주고 있다는 걸요.

실제로 그분의 백회(百會) 부위—머리 꼭대기 중앙쯤 되는 부분—를 손으로 만져 보니 딱딱하고 탄력이 전혀 없었습니다.

이렇게 목뒤 근육이 뭉쳐 있거나 두피가 단단하게 굳어 있는 상태가 장시간 지속되면, 두피에 충분한 혈류가 공급되지 못하고, 결국에는 모낭에 영양이 제대로 전달되지 않게 됩니다.

그 결과로 앞머리 쪽 모발이 가늘어지고 쉽게 빠질 수 있는, M자 탈모로 이어질 가능성도 높아지는 것입니다.

그래서 저는 항상 샴푸할 때 단순히 머리를 감기는 데 그치지 않고, 짧은 시간이라도 두피 마사지를 꼭 해 드리려고 노력합니다.

특히 목뒤나 귀 옆, 관자놀이, 정수리 부근처럼 혈류가 자주 막히는 부위를 중심으로 지압을 해 드리면, 고객님들도 즉각적으로 "시원하다", "두통이 줄어드는 것 같다", "피로가 풀리는 느낌이다"라며 반응하시곤 해요.

두피 마사지는 단순히 기분 좋은 서비스가 아니라, 두피 건강을 위한 실질적인 케어라고 생각합니다.

뭉친 근육을 풀어 주고, 혈액 순환을 개선해 주면 모낭이 건강해지고, 결국 모발도 더 튼튼하게 자랄 수 있는 환경이 마련되거든요.

그날 그 남성 고객님께도 "목뒤랑 두피가 많이 굳어 있으셔서, 평소에도 자주 마사지해 주시면 좋겠어요. 샤워하시면서 **손끝으로 목뒤나 정수리 쪽을 지그시 눌러 주시는 것만으로도 도움**이 됩니다"라고 설명 드렸더니, "몰랐는데 그렇게만 해도 차이가 있나요?" 하시며 관심을 보이셨습니다.

그렇게 짧은 시간이었지만, 고객님께서 자신의 두피 상태를 인식하고, 스스로 관리하려는 계기가 되어 드릴 수 있어서 참 보람 있는 순간이었습니다.

두피 마사지의 효과

- 두피의 혈류를 개선하여 모근에 많은 산소와

영양을 공급합니다.
- 긴장과 스트레스를 완화시켜 줍니다.
- 피지 분비를 조절하고 두피를 깨끗하게 유지합니다.
- 부종, 혈색을 좋게 해 윤기와 탄력을 개선합니다.
- 유수분 밸런스를 조절합니다.

집에서 하는 셀프 마사지

1) 엄지와 네 손가락을 사용하여 두피(지압점)를 부드럽게 눌러 줍니다.
2) 이마에서 시작하여 정수리, 그리고 뒤통수 방향으로 천천히 움직입니다.
3) 원형을 그리며 마사지하여 두피 전체에 자극을 줍니다.
4) 하루 5~10분 정도 꾸준히 시행하면, 혈액순환이 개선되고 두피 건강이 좋아집니다.

백회
머리 꼭대기 정수리 부분

아문
뒷머리 중앙 아래쪽의 움푹 들어간 부분

천주
뒷통수 제비초리에서 약간 올라간 곳에서 목줄기 중심에서 좌우로 살짝 들어간 부분

풍지
천주 바깥 2~3cm 부근의 오목한 지점

<두피 마사지 혈자리>

 이마와 귀 뒷부분을 쓸어내려 주면 목뒤에 뭉친 부분도 시원해집니다. 꾸준히 하다 보면 마사지가 필요한 부분을 스스로 알게 됩니다.

- 백회혈: 진정효과, 시력장애, 눈, 피로, 투통, 현기증, 수면 장애 개선, 상체에 열이 생기는 탈모에 효과가 좋습니다.
- 아문혈: 머리를 젖힐 때 접혀지는 부분으로 후두부 부분에 움푹 들어간 부분입니다. 혈액순환을 원활하게 하여 열을 떨어뜨리는 효능, 두개골 통증 완화, 피부 탄력 개선, 피로 감소에 좋습니다.
- 천주혈: 척추를 중심에 두고 아문혈 양옆에 위

치. 아문혈보다는 아래쪽에 있습니다. 스트레스, 전신 혈액 순환, 혈류 개선 등에 많은 도움을 줍니다.
- 풍지혈: 귀 뒤쪽 돌출된 뼈와 천주혈 사이 움푹 들어간 부위이며 두피 혈액순환을 촉진해 탈모 예방과 불면증 완화에 효과적입니다. 감기, 고혈압, 안면 부종 예방으로도 쓰이는 혈자리입니다.

TIP │ 손쉽게 하는 두피 마사지

다이소에서 판매되는 두피 마사지기가 있는데 가성비 면에서 아주 좋은 제품입니다. 갈고리 모양 끝에 작은 쇠구슬이 들어 있어 힘들이지 않아도 혈자리를 긁어 주듯이 쓸어 주면 머리가 아주 시원해집니다

이마와 귀 뒷부분을 쓸어내려 주면 목뒤에 뭉친 부분도 시원해집니다. 꾸준히 하다 보면 마사지가 필요한 부분을 스스로 알게 됩니다.

피해야 할 습관

- 두피 마사지는 부드럽게 어루만지듯 해야 합니다.
- 과도한 압력으로 두피를 문지르거나 긁으면 두피 손상이나 모근 약화를 초래할 수 있습니다.
- 두피 오염물이나 피지가 쌓인 상태에서 마사지를 하면 모낭을 막아 탈모를 촉진할 수 있으니 **두피가 깨끗한 상태에서 마사지**를 해야 합니다.

드라이,
작은 습관의 힘

머리를 말리는 올바른 방법

상담을 하다 보면 고객님들의 생활 습관이 자연스럽게 드러납니다.

"머리 언제 감으셨어요?"라고 여쭤보면 "아침에 감았어요"라는 답이 돌아오고, "머리를 어떻게 말리셨어요?"라고 하면 "자연 바람에 두었어요" 혹은 "드라이기로 말렸어요"라는 대화가 이어집니다.

짧은 질의응답 속에서도 모발과 두피의 상태를 설명해 주는 중요한 단서들을 얻을 수 있습니다.

특히 머리를 감은 뒤 제대로 말리지 않는 습관은 다양한 문제를 일으킬 수 있습니다.

두피가 장시간 **젖은 상태로 있으면 세균 번식**이 쉬워져 비듬이 생기거나 냄새가 나기 쉽고, 심할 경우 탈모로 이어질 가능성도 있습니다.

반대로 드라이기를 사용할 때는 바람의 온도와 방향에 따라 두피와 모발 건강이 달라집니다.

너무 **뜨겁거나 가까운 거리에서 말리면 수분이 빠르게 증발해 머리카락이 쉽게 푸석푸석**해지고, 끝이 갈라지거나 뻗치는 현상이 나타납니다.

실제로 많은 고객님들이 "내 머리카락은 왜 이렇게 뻗칠까요?"라며 고민을 털어놓습니다.

그 원인은 머리카락 자체의 문제라기보다는 건조 과정의 습관과 깊은 관련이 있습니다. 샴푸 후에는 **두피부터 먼저 충분히 건조**시키고, 드라이기는 **적당한 온도**에서 **일정한 거리**를 유지하며 사용하는 것이 바람직합니다.

작은 습관의 차이가 두피 건강과 모발 상태를 크게 바꿀 수 있다는 사실을 경험을 통해 다시금 확인하게 됩니다.

> **TIP │ 머리를 말리는 방법**
>
> 1) 수건으로 두피와 머리의 물기를 충분히 제거해 줍니다.
> 2) 에센스나 열 보호제를 발라 줍니다.
> 3) 뜨거운 바람으로 네이프(목뒤 쪽)부터 두피를 말려 준 후 **60% 정도 두피를 말린 후 찬 바람**으로 말려 줍니다.
> 4) 앞머리는 얼굴 방향으로 내려서 말려 주며, 찬 바람으로 두피 이쪽저쪽으로 왔다 갔다 하면서 말려 줍니다.
> 5) **가르마 반대 방향으로 머리를 넘기면서 말려** 주고, 다시 가르마 방향으로 머리를 넘겨 줍니다.
> 6) 뒷머리도 고개를 숙여서 거꾸로 말려 주면 볼륨감이 좋아집니다.

앞머리는 귀찮더라도 **꼭 찬 바람으로 말려** 주어야 손질하기가 편합니다. 다시 드라이로 손질하더라도 꼭 해야 합니다.

머리에 조금만 신경 쓰면 스타일이 예쁘게 나옵니다.

드라이기로 스타일 살리기

주말 아침, 예약된 고객님이 환하게 웃으며 들어

오셨습니다. 단정한 원피스를 입은 모습에서 오늘이 특별한 날임을 알 수 있었습니다.

이야기를 나눠 보니 조카 결혼식에 가시는 길이라고 했습니다. 설레는 마음과 분주한 일정 속에서도 머리 손질만은 꼭 하고 싶다며 찾아 주신 것이지요.

고객님의 스타일은 레이어드 단발머리였습니다. 단발은 얼굴형과 볼륨의 조화를 잘 맞춰야 하기 때문에 손질 방법에 따라 인상이 크게 달라집니다.

오늘은 "탑 부분은 볼륨을 살려 주세요. 앞머리는 살짝 내려 주고, 전체적으로는 자연스러운 C컬로 부탁드려요"라고 원하시는 이미지를 구체적으로 말씀해 주셨습니다.

결혼식이라는 자리답게 지나치게 화려하지 않으면서도 우아한 분위기를 연출하고 싶었던 것입니다.

시술은 드라이기와 매직기를 함께 활용하기로 했습니다. 먼저 두피 가까이부터 드라이기로 뿌리 볼륨을 세워 주며 자연스럽게 형태를 잡고, 이어서 매직기로 모발 끝에 부드러운 곡선을 주어 C컬을 완성했습니다.

앞머리는 무겁지 않게 내려 얼굴선을 자연스럽게 감싸도록 조정했습니다. 고객님은 거울을 보며 "딱 원하던 느낌이에요. 오늘 사진 찍을 때 자신감이 생기겠어요"라며 만족해하셨습니다.

> **TIP** | **드라이하는 방법**
>
> 탑 부분을 더 살려 주고 싶으면 굵은 롤이나, 굵은 그루프를 말아 준 후 마지막에 풀고 드라이를 해 줍니다.
>
> 드라이의 바람이 모발 끝까지 가게 해서 롤빗을 조금씩 돌려가면서 드라이합니다.

:: C컬 드라이

\<C컬 헤어\>

매직 드라이기(납작한 플랫 아이롱기), 꼬리빗(얇고 손잡이가 긴 빗)을 준비합니다.

1) 모발을 4등분 합니다.

2) 모발을 고르게 빗질 후, 매직기로 한 번 쓸어 내려 줍니다.
3) 섹션을 떠서 빗이 먼저 지나가면서 매직기가 따라가야 합니다.
4) 두피 쪽에서 내려오면서 모발의 끝을 3분의 2 지점에서 자연스럽게 C 모양을 만들어 주면 C컬이 형성됩니다.
C컬의 크기는 개인 선호도에 따라 결정됩니다.

TIP | 드라이기로 C컬 드라이 하는 방법

1) 모발을 4등분 합니다. 집게와 롤빗이 필요합니다.
2) 드라이는 뒷머리 목선 위부터 차례대로(네이프-중간-탑 순으로) 집게핀을 꽂아 가며 드라이합니다.
3) 이때 머리카락의 길이에 따라 롤빗의 굵기가 달라집니다.
4) 롤이 머리카락의 뿌리에 안착하는 느낌으로 롤을 돌려 가면서 뿌리 부분에 바람을 줍니다.
5) 탑 부분 쪽으로 올라갈수록 두피에서 머리카락의 각도를 들어 주는데 탑 부분 제일 위쪽은 120도~180도 이상 머리카락을 들어 올려 롤빗이 흔들리지 않게 안착 후 드라이기의 바람을 줍니다.
6) 모발 밑쪽으로 롤을 한 바퀴 반 정도 말아 준 후 풀어 줍니다. 이 동작을 여러 번 반복합니다.

> **TIP** | C컬 드라이에 대해서
>
> - 드라이하기 전에 열 보호제가 들어 있는 **에센스를 발라 주어 모발의 손상도를 줄이세요.**
> - 빗질을 꼭 해 주어 모발의 결 정리를 해 주어야 해요.
> - C컬을 하다 보면 삼각김밥처럼 아래만 동그랗게 되니 탑 부분 쪽의 볼륨을 살려 주어야 합니다.

앞머리와 컬 관리 팁

커트를 마무리한 뒤에는 언제나 고객님께 집에서 손질하는 방법을 설명해 드립니다.

머리를 잘라낸 순간은 가장 예쁘지만, 그 스타일을 오래 유지하려면 일상 속 관리가 뒤따라야 하기 때문입니다.

그런데 한 고객님은 제 설명을 듣다가 웃으며 "저는 머리를 만질 줄 몰라요. 똥손이라서 잘 못해요"라고 솔직하게 말씀하셨습니다.

사실 이런 고민을 이야기하는 분들이 적지 않습니다. 머리 손질을 복잡하게 생각해 아예 포기해 버리는 경우도 많습니다.

저는 그분께 "다른 부분은 크게 신경 쓰지 않으셔도 돼요. 그냥 잘 말려 주시고, 앞머리만 조금만 손질해 주시면 됩니다.

그게 전체 스타일을 완성하는 가장 중요한 포인트예요"라고 말씀드렸습니다. 고객님은 의외라는 듯 눈을 크게 뜨며 고개를 끄덕였습니다.

앞머리는 얼굴의 첫인상을 결정짓는 중요한 요소입니다. 전체 머리를 아무리 잘 말려도 앞머리가 힘없이 가라앉아 있으면 생기가 없어 보입니다.

반대로 앞머리만 볼륨 있게 살려 주면 얼굴이 환해지고 스타일이 정리된 듯한 인상을 줍니다.

고객님께는 드라이기를 이용해 앞머리 뿌리 부분만 살짝 들어 올리며 말리는 방법을 직접 보여 드렸습니다. "이 정도라면 저도 할 수 있겠네요"라며 안심하는 모습을 보니 저 역시 뿌듯했습니다.

작은 습관 하나, 특히 앞머리를 살려 주는 간단한 동작만으로도 스타일 전체가 달라질 수 있습니다. 고객이 집에서도 자신감을 갖고 손질할 수 있도록 안내하는 것이 미용사의 중요한 역할임을 다시금 느끼게 되었습니다.

요즘 여자분들이 굵은 그루프로 앞머리를 말고 다니는데, 앞머리 드라이 하는 방법은 아주 간단합니다.

1) 앞머리의 머리카락의 각도를 120도에서 180도까지 들어 롤로 말아 주면 됩니다.
2) 조금 더 신경을 써 준다면 뿌리 부분에 뜨거운 바람을 넣어 주고 스프레이를 살짝 뿌리고 말린 후 그루프를 빼 주면 됩니다.

머리 길이에 따라 그루프의 크기가 달라질 수 있습니다.

:: S컬 드라이

<S컬 드라이>

"오늘은 드라이 어떻게 해 드릴까요?"라는 제 물

음에 한 여학생이 수줍게 웃으며 답했습니다.

"자연스러운 웨이브로 해 주세요. 프로필 사진을 찍어야 해서 예쁘게 하고 싶어요." 국악고에 다니는 학생으로, 긴 한복 자락과 어울릴 듯한 단아한 이미지가 먼저 떠올랐습니다.

그녀의 머리카락은 어깨선을 훌쩍 넘어 약 20cm 정도 더 내려오는 기장이었는데, 곱고 건강한 모발이라 웨이브 스타일이 잘 어울릴 것 같았습니다.

사진 촬영을 앞두고 있다는 말에 저는 무엇보다 자연스럽지만 깔끔한 인상이 중요하다고 생각했습니다.

지나치게 과한 컬은 사진에서 어색해 보일 수 있기 때문에, 부드럽게 흐르는 곡선을 살려 주는 것이 핵심이었습니다.

우선 드라이기로 전체적인 볼륨을 살려 기본 형태를 잡은 뒤, 아이롱 드라이기를 이용해 모발 끝부터 큰 곡선을 주었습니다.

웨이브가 과하지 않으면서도 얼굴선을 은은하게 감싸도록 각도를 조절했고, 앞머리와 옆머리는 살짝 안으로 말려 들어가도록 정리했습니다.

시술이 마무리되자 거울 속의 모습은 한층 부드럽고 단정한 분위기를 보여 주었습니다. 학생은 거울을 보며 "와, 생각한 것보다 훨씬 자연스럽고 예뻐요"라며 연신 미소를 지었습니다.

   짧은 시간이었지만, 사진이라는 특별한 순간을 앞두고 자신감을 얻는 표정을 보니 저 역시 흐뭇했습니다.

TIP | S컬 드라이 하는 방법

- 에센스나 열보호제를 꼭 발라 주어야 합니다
- 머리카락을 4등분으로 나눕니다.
- 아이롱으로 머리카락을 결을 정리하기 위해서 한번 쓸어 줍니다.
- 아이롱을 세워서 머리카락을 돌려 준 후 10초 정도 후에 조금 식힌 후 웨이브를 만들어 줍니다.
- 이 동작을 계속 반복해 줍니다.

TIP | S컬 드라이에 대하여

- 열보호제가 들어가 있는 에센스를 사용합니다.
- 컬이 더 자연스럽게 하기 위해서는 머리카락의 끝을 살짝 빼 준 후 머리카락을 말아 줍니다.
- 드라이를 마친 후는 에센스나 컬크림을 아주 소량 발라 주어 모발의 건조함을 방지해야 합니다.

트리트먼트와
클리닉

린스와 트리트먼트, 무엇이 다를까?

시술을 마치고 나면 고객님들이 종종 비슷한 질문을 하십니다.

"원장님, 린스는 언제 써야 하나요? 트리트먼트는 꼭 해야 하나요?" 매일 사용하는 제품이지만, 의외로 많은 분들이 두 가지의 차이를 잘 알지 못한 채 습관적으로 사용하고 계십니다.

린스는 주로 모발 표면을 코팅해 손질을 쉽게 하고, 빗질할 때의 마찰을 줄여 주는 역할을 합니다. 덕분에 머릿결이 부드럽게 느껴지고 정전기가 덜 생기지요.

하지만 린스는 어디까지나 겉모습을 정리하는 정도의 기능에 그칩니다.

반면, 트리트먼트는 모발 내부로 영양 성분이 스며들어 손상된 구조를 회복하는 데 도움을 줍니다.

즉, **린스**가 모발에 즉각적인 매끄러움을 주는 '**외부 관리**'라면, **트리트먼트**는 시간을 두고 모발 자체를 개선하는 '**내부 관리**'에 가깝습니다.

저는 고객님들께 "평소에 머릿결이 크게 손상되지 않았다면 린스만으로도 충분하지만, 잦은 염색이나 펌, 고데기 사용으로 머리가 많이 손상되었다면 트리트먼트를 꼭 병행하세요"라고 설명합니다.

또한 트리트먼트는 매일 사용할 필요는 없고, 일주일에 두세 번 정도 꾸준히 해 주는 것이 가장 효과적이라고 덧붙입니다.

이처럼 제품의 기능과 사용 목적을 정확히 이해하면 불필요하게 여러 제품을 겹쳐 쓰지 않아도 되고, 모발 상태에 맞는 관리가 가능해집니다.

작은 차이를 아는 것만으로도 머릿결 관리가 훨씬 수월해지고, 매일의 손질이 한결 즐거워질 수 있습니다.

트리트먼트 제대로 바르는 법

"오늘은 어떤 시술을 하고 싶으세요?" 하고 여쭙자 고객님은 주저 없이 "파마하려고 하는데요"라고 답하셨습니다.

우선 상태를 확인하기 위해 샴푸부터 진행했습니다. 그런데 머리를 감고 보니 모발이 서로 엉겨 붙을 정도로 손상돼 있었습니다.

겉으로 보기엔 괜찮아 보였지만, 실제로는 단백질이 빠져나가 힘없이 늘어진 손상모였습니다.

저는 조심스럽게 말씀드렸습니다. "머릿결이 많이 상해서 오늘은 파마가 어려울 것 같아요.

이렇게 손상된 상태에서는 컬이 제대로 형성되지 않고, 만들어지더라도 금방 풀리거나 힘이 없어 보일 수 있습니다." 이야기를 들은 고객님의 표정은 순간 굳었지만, 이유를 구체적으로 설명드리자 조금씩 이해하는 눈빛으로 바뀌었습니다.

저는 비유를 들어 설명했습니다. "쉽게 말하면 김밥에 김만 있고, 단무지나 햄 같은 속 재료가 빠져 있는 상태와 비슷합니다.

모발 내부의 단백질이 부족하기 때문에 파마를 해도 모양이 오래가지 않고, 오히려 머릿결만 더 상하게 될 수 있어요. 이런 상태에서 계속 파마를 반복하면 손상은 악순환으로 이어집니다."

고객님은 한숨을 쉬며 "그럼 어떻게 해야 하나요?" 하고 물으셨습니다.

저는 "오늘은 파마 대신 머릿결 회복을 위한 트리트먼트를 권해 드릴게요. 모발에 영양을 채워 넣어야 다음에 건강하게 시술하실 수 있습니다"라고 안내했습니다.

결국 고객님은 "그럼 트리트먼트로 해 주세요"라고 결정하셨고, 시술이 끝난 뒤에는 머릿결이 한결 정돈된 느낌에 만족해하셨습니다.

:: **트리트먼트**

1) 샴푸 후 물기를 꼭 짜낸 후 500원 동전 크기로 모발 위주로 발라 줍니다.
2) 마사지하듯이 손의 열로 모발을 많이 쓸어내려 주면 모발이 부드러워집니다.
3) 많이 손상모일 경우에는 제품을 조금 더 발라 주고 똑같은 방법으로 많이 쓸어내려 줘서 부드러워질 때까지 해 줍니다.
4) 방치 시간은 10분 정도가 적당하며, 10분 뒤 찬물이나 미지근한 물에 헹구어 줍니다.

모발도 정성이 많이 필요합니다.

정말 귀찮은 과정이긴 한데 이것을 잘 해 주지 않으면 모발이 건강해지지 않습니다.

모발이 많이 건강해지면 트리트먼트 할 때 많이 쓸어내려 주지 않아도 됩니다. 몇 번만 해도 흡수가 되어 부드러워집니다.

TIP | 효과적인 트리트먼트 사용법

마지막에 뜨거운 물로 헹구어 주면 큐티클을 열어 줘서 영양분이 다 빠져나가 도로아미타불이 됩니다. 차가운 물의 역할은 큐티클을 닫아 주어 영양성분이 빠져나가지 않게 막아 줍니다.

두피와 모발 클리닉의 효과

:: 두피 클리닉

50대 여성 고객님 한 분은 염색을 하고 나면 항상 두피 가려움에 시달린다고 말씀하셨습니다.

염색 자체는 원하는 색으로 잘 나오지만, 시술이 끝난 뒤 두피가 예민해져 불편이 이어지는 것이 늘 고민이었습니다.

저는 원인을 설명드렸습니다. 염색 과정에서 사용되는 약제의 잔여물이 두피에 남아 있으면 자극이 되고, 이것이 시간이 지나면서 가려움이나 따가움으로 나타날 수 있다는 점이었습니다.

이런 경우에는 단순히 염색 후 헹굼만으로는 부족할 수 있습니다. 그래서 저는 두피에 남은 잔여물을 정리해 주고, 자극받은 피부를 진정시켜 주는 두피 클리닉을 권해 드렸습니다.

두피 클리닉은 약제를 깨끗하게 제거하는 동시에, 두피 환경을 건강하게 만들어 모발이 자랄 수 있는 기초를 다지는 데에도 도움이 됩니다.

고객님은 반신반의하면서도 권유를 받아들여 시술을 받으셨고, 이후 "가려움이 훨씬 줄었어요"라며 안도하셨습니다.

몇 차례 더 정기적으로 클리닉을 이어 가신 뒤에는 단순히 가려움 완화뿐 아니라 머리카락 굵기까지 눈에 띄게 달라졌다고 하셨습니다. 모발이 한결 탄탄해지고, 예전보다 손질도 훨씬 편해졌다는 말씀이었습니다.

이 사례는 염색 후 불편함을 해결하는 방법이 단

순히 염색약을 바꾸는 데서 그치지 않고, 두피를 어떻게 관리하느냐에 따라 모발의 건강까지 달라질 수 있다는 점을 잘 보여 줍니다.

두피와 모발은 따로 떨어져 있는 것이 아니라 하나의 연속된 구조라는 사실을 다시 확인한 경험이었습니다.

:: **두피 클리닉의 주요 목적과 효과**

두피에 쌓인 노폐물, 각질, 피지 등을 제거하여 깨끗한 두피 환경을 조성하여 두피의 청결을 유지합니다.

두피 마사지, 스케일링 등을 통해 혈액순환을 촉진하여 모발 성장에 필요한 성장에 영양 공급을 원활하게 하여 줍니다.

:: **두피 클리닉의 관리 과정**

1) 현미경 검사나 눈으로 보아서 두피 타입, 문제점 등을 파악합니다.
2) 두피 스켈링은 딥클렌징, 각질 제거 등을 통해 두피 노폐물을 제거해 주는 역할입니다.
   딥클렌징 제품을 두피에 골고루 묻혀서 손가락으로 제품을 꼼꼼히 발라 줍니다.

3) 손가락으로 두피를 마사지한 후에 미스트기를 10분에서 20분 정도 쐬어 줍니다.
4) 샴푸 후 머리를 잘 헹구어 줍니다.
5) 두피팩, 두피 토닉 등을 사용하여 모발과 두피에 영양을 공급해 줍니다.
6) 두피에 혈액순환을 촉진하고 근육 이완을 돕는 두피 마사지를 해 줍니다.
7) 개인의 두피 상태와 문제점에 따라 다양한 관리 프로그램을 적용합니다.

TIP | 두피 클리닉 관리

- 집에서도 두피 샴푸와 헤어토닉으로 두피를 꾸준히 관리해야 합니다.
- 전문가와 충분한 상담 후 나에게 맞는 제품을 잘 선택해야 합니다.

:: **모발 클리닉**

손상된 모발에 영양을 공급하여 건강하고 윤기 있는 머릿결로 회복시켜 주는 미용 시술입니다.

모발의 간충물질을 채워 줘서 모발의 엉킴으로 인하여 빠지는 탈모도 예방되며, 단백질을 채워 줌으로 모발의 힘이 생겨 볼륨감도 생깁니다.

 손상된 모발을 외부 자극으로부터 손상을 최소화하는 효과가 있으며, 주로 미용실에서 시술하는 작업입니다.

:: **모발 클리닉의 주요 특징**
 1) 염색, 펌, 드라이 등으로 손상된 모발에 영양을 공급하여 건강하게 회복시켜 줍니다.
 2) 모발에 부족한 수분과 영양을 채워 주고 윤기를 더해 줍니다.
 3) 외부 자극으로부터 모발을 보호하여 추가적인 손상을 예방합니다.
 4) 단백질 클리닉, 수분 클리닉, 유분 클리닉 등 손상 정도와 타입에 따라 다양한 클리닉이 있습니다.

 미용 전문가의 도움을 받아 전문적인 제품과 기술로 시술받는 것이 효과적입니다.

:: **시술 과정**
 제품과 모발의 상태에 따라 조금씩 달라질 수 있습니다.
 1) 먼저 모발에 있는 노폐물을 제거하기 위해서

샴푸를 합니다.
2) 물기를 제거하고 말린 후 단백질을 뿌려 줍니다. 잘 스며들게 하기 위해 열처리를 합니다.
3) 보습 성분의 제품을 바른 후 스팀 처리합니다.
4) 유분 성분의 제품을 바르고 스팀 처리합니다.
5) 마무리로 미지근한 물 또는 차가운 물로 깨끗하게 헹구어 줍니다.

소요 시간은 1시간 반 정도 걸립니다.
제품을 바를 때는 빗질을 해서 머릿결 정리를 하고 제품을 바릅니다.
바를 때는 충분한 터치가 들어가야 하며 또는 시술에 맞는 기구를 사용합니다.
제품에 따라 시술 과정은 다를 수 있습니다.

TIP | 헤어 클리닉

- 헤어 클리닉은 미용실에서 전문가가 전문적인 제품과 기술로 시술하며 트리트먼트는 집에서도 간편하게 사용할 수 있는 홈 케어 제품입니다.
- 클리닉은 트리트먼트보다 더 강력하여 모발 회복력이 더 좋습니다.
- 클리닉의 효과는 시술 후 홈 케어로 옮겨 가는데 집에서 꾸준한 관리가 필요합니다.
- 클리닉 후 하루 정도는 샴푸를 하지 않습니다.
- **헹굴 때 따뜻한 물은 절대 안 됩니다.** 차갑거나 미지근한 물로 헹궈 줍니다.

3

컬러와 스타일, 나를 표현한다

염색, 색으로 완성하는 이미지

염색약의 종류와 특징

염색약은 크게 일시적인 효과를 내는 염색제와 영구적인 색상 변화를 일으키는 영구 염모제로 나눌 수 있습니다.

영구 염모제는 다시 산화 염모제와 비산화 염모제로 나눌 수 있으며, 산화 염모제는 산화제와 염료를 함께 사용하여 색을 입힙니다.

염색약(1제)과 산화제(2제)로 되어 있으며 이때 산화제(2제)의 역할은 모발의 큐티클을 열어 주어 염색약이 들어가게 하는 역할을 해 줍니다.

이때 모발층을 열어 줄 때 모발의 단백질 성분도

파괴하면서 들어가기 때문에 모발의 손상도 같이 동반됩니다.

∷ **부분 탈색수 염색의 종류**

- 발레 아주

<발레 아주>

붓으로 쓸어 내리면서 칠한 듯한 부드러운 하이라이트를 말합니다. 머리를 섹션을 나누어서 섹션을 두껍게 혹은 호일 등으로 얇게 펴서 탈색 약을 도포하면서 빛으로 자연스럽게 그라데이션을 표현하는 염색 기법입니다.

다른 용어로는 브릿지, 하이라이트를 좀 더 자연스럽게 탈색한다고 생각하면 됩니다.

하이라이트 부분을 섹션을 넓게 혹은 가는 가닥으로 좀 더 자연스럽게 그라데이션하는 염색입니다.

- 옴 부레/솜 부레

<옴 부레/솜 부레>

그라데이션으로 자연스럽게 정수리 부분부터 머리 아랫부분까지 머리 색깔에 음영을 주는 것입니다.

옴 부레가 좀 더 머리 아랫부분의 색깔을 윗머리와 대조적으로 음영을 넣는 것이고, 솜 부레가 조금 더 자연스럽게 음영을 주는 것입니다. 자연스러운 여신 머리 할 때 많이 합니다.

- 헤어 매니큐어

헤어 매니큐어는 모발을 입혀 주는 역할을 하는

데 쉽게 말하면 매니큐어를 바른다고 생각하면 됩니다. 우리의 모발이 흰색이 아니기 때문에 모발에 헤어 매니큐어를 바르는 것은 색을 표현하는 것에 제한적인 것이 많습니다.

대신 큐티클을 손상시키지 않기 때문에 모발을 보호하는 작용과 광택이 더 많이 납니다.

- 헤나

헤나는 기호도가 있는 것 같습니다. 매스컴에서 헤나에 대한 안 좋은 시술 방법으로 피해를 보신 분들이 있어서 싫어하시는 분들도 많습니다.

하지만 헤나는 모발에 힘이 없거나 모발량이 적은 경우에는 힘을 주는 역할을 합니다.

헤나도 매니큐어처럼 모발을 입혀 주는 역할을 하는 제품 이어서 **모발 손상도가 없습니다.**

- 탈색

탈색 약은 모발의 색을 빼는 역할을 합니다.

요즘 아이돌의 머리 컬러를 보면 빨강, 파랑, 보라, 카키, 오렌지, 회색, 백색 등등 이런 컬러를 만들기 위한 모발의 도화지를 만들어 주기 위한 약입니다.

모발 영양제를 같이 사용하면 손상도를 줄여 주

기는 하지만 모발의 색을 빼면서 영양분도 다 빠져서 모발 손상도가 가장 큰 제품입니다.

컬러를 내기 위해서는 1번의 탈색으로 되는 경우도 있지만 대부분 2번에서 3번까지 탈색 후 염색이 들어갑니다.

새치 염색과 전체 염색

∷ 멋내기 일반 염색

군 제대 후 처음 미용실을 찾은 20대 남성 고객님은 새로운 시작을 맞아 스타일 변화를 원하고 있었습니다.

그는 거울 앞에 앉자마자 "염색을 처음 해 보려고 하는데요, 어떤 색이 저한테 잘 어울릴까요?"라며 설레는 마음을 드러냈습니다.

첫 염색이라는 말에서 긴장과 기대가 동시에 느껴졌습니다.

저는 고객님의 피부 톤과 전체적인 분위기를 살펴본 뒤 조심스럽게 조언했습니다.

"처음 염색을 하신다면 너무 밝거나 과한 색보다는 자연스럽게 어울리는 톤이 좋아요.

요즘은 카키 브라운이나 애쉬 브라운 같은 색을 많이 선호하는데, 이런 컬러는 과하지 않으면서도 세련된 느낌을 줍니다."

고객님은 고개를 끄덕이며 거울 속 자신의 모습을 떠올리는 듯한 표정을 지었습니다.

처음 염색을 하는 분들에게는 모발 손상에 대한 불안도 크기 때문에, 색상뿐 아니라 관리 방법에 대해서도 안내했습니다.

잦은 샴푸나 고온 드라이를 피하고, 컬러 전용 샴푸를 사용하면 색이 오래 유지된다는 점을 알려 드렸습니다.

고객님은 "처음이라 많이 걱정했는데, 이렇게 구체적으로 설명을 들으니까 안심이 돼요"라며 웃음을 지었습니다.

이 경험은 염색이 단순히 색을 바꾸는 작업이 아니라, 새로운 시도를 하는 고객의 마음을 이해하고 그 과정에 함께하는 일임을 느꼈습니다.

특히 첫 염색은 그 사람의 이미지와 자신감에 큰 영향을 주기 때문에, 적절한 컬러 선택과 세심한 조언이 무엇보다 중요하다는 사실을 다시금 느낄 수 있었습니다.

머리 색을 좀 더 부드럽게 바꾸고 싶을 때는 흔히 멋내기 염색이라고 해서 밝은 갈색이나, 주황색 등으로 염색을 합니다.

멋내기 염색은 탈색 과정 없이 단순히 본인 머리에 염색약을 도포하여 염색하는 것이므로 흑발의 경우에 염색약으로만 아주 밝은 머리 색이나 원하는 다른 원색의 머리 색을 표현할 수는 없습니다.

∷ **새치 염색**

저도 새치 염색을 하는데 예전엔 한 달에 한 번 하다가 이제는 2주에 한 번씩 하게 되었습니다. 흰머리가 너무 지저분해 보이고 보기 싫다는 생각이 들어서 새치 염색을 하게 되네요.

흰머리가 많은 사람들이 조금 더 젊어 보이기 위하여 흰머리를 갈색이나 흑발로 염색하는 것을 새치 염색이라고 합니다.

흰 머리카락을 가리기 위해서 너무 밝은 색으로 염색을 할 경우에는 새치 커버가 잘 안 될 수도 있습니다.

일반적인 염색을 할 때는 뿌리 염색과 전체 염색

이 있습니다.

뿌리 염색은 뿌리가 자란 부분만 염색하는 것이고, 전체 염색은 전체적으로 하는 것입니다.

이때 뿌리 염색과 전체 염색은 모발의 길이에 따라 시술 가격이 책정됩니다.

∷ **뿌리 염색 시술 방법**

1) 1제와 2제를 부드럽게 잘 섞어 줍니다.
2) 일반 염색의 뿌리 염색은 염색약(1제)과 산화제(2제)의 비율은 1:1.5 또는 1:2, 새치 커버용일 경우는 1제와 2제의 비율은 1:1입니다.
3) 뿌리 염색의 경우는 바를 때 염색약을 묻힌 후 염색 붓을 헤어라인 위주로 먼저 바릅니다.
4) 모발을 4등분으로 나눈 후 붓의 각도를 90도 정도 들어 줘서 자라난 모발 위주로 1.5cm 떠서 바릅니다.
5) 비닐 캡을 씌워 준 후 30분 정도 방치합니다.
6) 테스트 후 샴푸 해 줍니다.

> **TIP** | 셀프 뿌리 염색약 바르는 법
>
> 모발 쪽에는 염색약을 바르면 안 됩니다. 이것이 모발 손상의 주범이 됩니다. **두피만 발라 주어야 합니다.**
>
> 이때 트리트먼트나 단백질제를 모발 쪽으로 발라 주면 모발의 손상도도 막아 주고 기다리는 동안 모발에 영양을 주어 모발이 건강해지는 효과도 있습니다.

:: 전체 염색하는 방법

1) 1제와 2제를 부드럽게 잘 섞어 줍니다.
2) 일반 염색의 염색약(1제)과 산화제(2제)의 비율은 1:1.5 또는 1:2입니다.
3) 전체 염색은 모발을 4등분으로 나눈 후 뿌리 쪽부터 염색약을 바릅니다.
4) 1~1.5cm씩 떠서 뿌리 쪽을 먼저 바른 후 모발 쪽으로 골고루 전체적으로 잘 발라 줍니다.
5) 비닐 캡이나 랩을 씌어 줍니다.
6) 염색약을 바른 후 방치 시간은 보통 30분에서 40분 정도입니다.
7) 시간이 지난 후, 색깔이 제대로 나왔는지 확인 후 샴푸 합니다.

TIP | 전체 염색하는 방법

긴 머리일 경우는 미리 빗질을 잘 해 줍니다. 염색약을 바를 때는 마사지하듯이 모발을 쓸어 주며 바르면 약이 잘 스며 듭니다.

컬러 유지와 관리법

:: **염색 샴푸**

  염색 샴푸는 정말 중요합니다. 이때 깨끗하게 헹구어 내지 않으면 샴푸 후 염색의 물 빠짐이 심해집니다.

:: **염색 샴푸 사용 방법**

1) 장갑을 낀 후 머리에 물을 조금 묻힌 후 두피를 조금씩 비벼 가며 마사지해 주듯이 롤링해 줍니다.
2) 이렇게 해 주는 이유는 혹시나 두피에 염색약을 바르지 않은 부분이 있을까 봐 샴푸를 하면서 조정하는 역할입니다.
3) 색을 전체적으로 골고루 입히기 위한 방법이기도 합니다.
4) 이렇게 물을 묻히며 롤링해 주고 조금씩 씻어 주는 동작을 3번 정도 반복해 줍니다.
   참 번거로운 작업이긴 하지만 정말 중요한 작업입니다.
5) 물로만 깨끗이 여러 번 헹구어 줍니다.
6) 그리고 나서 샴푸를 해 줍니다. 먼저 한 번 하

고 적당히 헹궈 준 후 다시 한번 샴푸를 하고 깨끗이 헹굽니다. 두 번 샴푸 해 줍니다.
7) 염색 후의 샴푸는 두피에 염색약이 남지 않게 정말 깨끗이 헹궈 주어야 합니다.

염색 샴푸 후 트리트먼트는 정말 필수 사항입니다.
염색을 하면서 큐티클을 열어 놓았기 때문에 염색 후 트리트먼트를 꼭 해서 모발의 영양을 공급해 주어야 합니다.
샴푸 후 두피를 **빼고** 모발 전체에 마사지하듯이 여러 번 조금씩 발라 주며 마사지를 해 줍니다.
긴 머리인 경우는 손가락빗으로 꼭 빗질해 주어 결 정리를 해 주어야 합니다.
방치 시간은 길수록 좋지만 5분에서 10분 정도는 필수로 두어야 하며 시간이 있을 경우는 비닐 캡을 쓰고 15분에서 30분 정도 방치 후 미지근한 물이나 찬물로 헹구어 줍니다.
마지막 머리를 **헹굴 때는 미지근한 물이나 찬물**이 더 좋습니다.

> **TIP** | **염색의 유지와 관리**
>
> 홈 케어로 염색의 색을 유지하기 위해서는 염색용 샴푸를 사용하면 모발의 pH를 맞추어 주어 물 빠짐이 적어 염색 유지 기간이 길어집니다.
> 집에서도 트리트먼트를 꾸준히 해 주어야 모발 손상도를 줄여 줍니다.

피부톤별 어울리는 헤어 컬러

50대 직장인 여성 고객님은 저와 오랫동안 인연을 이어 온 단골손님입니다. 오래되다 보니 시술 전 구체적으로 말씀을 주시기보다는 "알아서 해 주세요"라는 말을 자주 하십니다.

하지만 이번에는 특별히 "새치가 점점 늘고 있는데, 커버도 되면서 어려 보이게, 그리고 제 피부톤에 잘 맞는 컬러로 해 주세요"라며 요청하셨습니다.

그 한마디 속에는 나이가 들면 자연스레 생겨나는 고민과 동시에, 여전히 젊고 활기찬 이미지를 유지하고 싶은 마음이 담겨 있었습니다.

고객님의 피부는 하얗고 약간의 홍조가 도는 편이

었습니다. 저는 피부톤을 고려해 너무 어둡지 않게 7레벨 정도의 밝기로 맞추고, 컬러는 애쉬 계열이 들어간 브라운을 선택했습니다.

애쉬 계열의 색상은 홍조가 있는 피부를 완화하고 피부를 더 맑게 보이기 때문입니다.

시술이 끝나고 거울을 본 고객님의 얼굴은 이전보다 훨씬 생기 있어 보였습니다. "정말 어려 보이는 것 같아요"라며 만족스러운 미소를 지으셨습니다.

새치 커버를 위한 염색이라고 해서 단순히 어두운 색으로 덮는 것이 답은 아닙니다.

오히려 피부톤과 조화를 이루는 색을 선택하면 자연스러움 속에서도 세련된 이미지를 줄 수 있습니다.

이번 사례처럼 컬러 배합의 작은 차이가 얼굴의 분위기를 크게 바꿔 주고, 나이에 맞는 우아함과 동시에 젊은 인상을 함께 만들어 줍니다.

얼굴색에 맞는 컬러는 개개인의 피부톤에 따라 달라집니다. 피부톤에 맞는 헤어 컬러는 얼굴을 더 밝고 화사하게 만들어 줄 수 있습니다.

밝은 피부는 어두운 색상이나 붉은 계열이 잘 어울리고 어두운 피부는 밝은 브라운이나 애쉬 계열이 잘 어울립니다. 노란 피부는 오렌지 브라운이나 골드 브라운이 생기를 더해 줍니다.

:: 피부톤별 어울리는 헤어 컬러

- 밝은 피부
- 어두운 색상(블랙, 다크 브라운, 애쉬 브라운 등): 피부와 대비되어 얼굴이 더욱 돋보입니다.
- 붉은 계열(레드 브라운, 와인, 버건디 등): 차분하면서도 세련된 느낌을 줍니다.

- 어두운 피부
- 밝은 브라운 계열(라이트 브라운, 골드 브라운, 오렌지 브라운 등): 피부톤을 밝혀 주고 생기를 줍니다.
- 애쉬 계열(애쉬 브라운, 애쉬 그레이 등): 칙칙한 피부톤을 커버하고 세련된 느낌을 줍니다.

- 노란 피부
- 오렌지 브라운, 코퍼 브라운은 얼굴에 생기를 주고 건강한 이미지를 연출합니다.
- 골드 브라운, 옐로우 브라운은 노란 피부톤과 자연스럽게 어울립니다.

퍼스널 컬러 진단을 통해 자신에게 잘 어울리는 색상을 찾아 보는 것도 좋을 것 같고 미용실에서 전문가와 상담하여 피부톤에 맞는 헤어 컬러를 찾아 보세요.

펌, 스타일에
볼륨을 더하다

펌의 기본 종류

:: 일반펌

20대 후반의 한 여성 고객님은 긴 머리를 가진 분으로, 숱은 적당한 편이고 앞머리 쪽은 모발이 다소 가는 편이었습니다.

성격이 밝고 주변 사람들과 잘 어울려 미용실에 오실 때마다 분위기를 환하게 만들어주는 손님이기도 했습니다.

또렷한 이목구비에 어울리는 스타일을 늘 고민하셨는데, 본인은 특히 두피의 볼륨감을 살리고 싶어 항상 일반펌을 선택하곤 하셨습니다.

이번에도 마찬가지로 펌을 원하셨습니다. 펌은 영양펌으로 전처리를 단백질로 바르고 전체적으로는 롯드를 1호를 사용하여 펌을 말아서 모발 손상을 최소화하면서 자연스러운 컬을 만들고, 탑 부분은 조금 더 촘촘하게 말아 볼륨을 강조했습니다.

특히 윗부분은 각도를 충분히 들어 올려 시술했는데, 이렇게 하면 뿌리부터 자연스럽게 살아나 얼굴이 작아 보이고 전체적인 인상이 한결 경쾌해집니다.

긴 머리에서 탑의 볼륨이 살아나면 옆선과 뒷선이 자연스럽게 연결되어 여성스러운 곡선미가 잘 드러나는 장점도 있습니다.

시술이 끝난 후 거울 속에 비친 모습은 본인도 만족스러웠는지 환하게 웃으셨습니다. "이번에도 너무 마음에 들어요"라는 말에 저 역시 뿌듯했습니다.

고객님처럼 밝은 성격과 잘 어울리는 탄력 있는 웨이브는 단순히 헤어스타일을 넘어 그 사람의 매력을 배가시켜 줍니다.

이 사례는 펌 시술에서 전체적인 모발 상태를 고려하면서도, 탑 부분의 볼륨 조절이 얼굴 인상과 스타일 완성도에 얼마나 중요한지를 잘 보여 줍니다. 작은 디테일 하나가 고객 만족도를 크게 좌우한다는 사실을 다시 느끼게 되는 순간이었습니다.

일반펌(콜드펌)은 시술 시간이 다른 펌보다 조금 더 빨리 끝납니다. 이것도 모발의 상태나 모질에 따라 컬 굵기가 결정됩니다. 모든 모질에 다 사용할 수 있습니다.

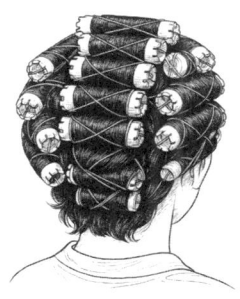

<일반펌>

모발이 가는 경우는 컬의 굵기가 가늘어지는데 롯드의 크기도 작아집니다.

정수리 부분의 머리에는 가는 머리카락일 경우에는 모발의 길이에 따라 다르지만 볼륨감을 더 주기 위해 작은 롯드를 사용합니다.

우리가 아는 아줌마펌은 컬이 더 강하게 들어가는데 이때 롯드의 크기가 작은 것을 사용하여 펌을 하면 볼륨감이 더 생기기 때문입니다.

가는 롯드를 사용하는 이유는 모발이 얇아져서 컬을 많이 주어 모발을 풍성하게 보이게 하기 위함입니다.

일명 아줌마펌만 일반펌을 하는 것은 아닙니다.

굵은 모발인 경우에는 일반 자연스러운 펌은 보통 단발 기준으로 1호, 2호에서 3호 정도로 주면 자연스러운 웨이브가 형성됩니다.

일반펌 특성상 머리를 바짝 말리면 끝이 부스스하면서 컬이 늘어지는 단점도 있습니다.

:: **직펌**

펌의 효과를 더 강하게 하기 위해 약을 바른 채로 열을 가하기도 하는데, 이런 것들을 직펌이라고 합니다.

직펌은 디지털펌과 일반펌의 중간이라고 생각하면 되는데, 일반펌보다는 더 자연스럽고, 디지털펌보다는 조금 더 일반펌 같은 느낌입니다.

모발은 건강하고, 굵은 모발에 추천하며, 가는 모발은 적합하지 않은데 긴 머리의 가는 모발에는 사용합니다.

다만 모발 손상이 굉장히 심하기 때문에, 염색 등 다른 시술을 병행하지 않습니다. 모발의 상태에 따라 열을 가할 때 온도와 시간 조절을 잘하면 괜찮습니다.

일반펌에 비해 지속력이나 고정력은 좋은 편입니다.

:: 열펌 - 셋팅펌

열펌은 환원제로 시스틴 결합(-S-S-)을 끊어 놓은 뒤 환원제를 씻어내고, 수분감이 약간 있는 상태에서 셋팅 롯드로 파마를 말아서 열을 가하여 수분을 약간 말리며 수소결합을 이용하여 형성됩니다. 그리고 중화제로 산화하여 머리 모양을 만듭니다.

장점은 머리를 바짝 말릴수록 컬이 강해지기 때문에 가장 자연스러운 느낌을 연출할 수 있습니다.

중단발이나 긴 머리에 많이 하는 시술 방법입니다. 드라이를 한 듯 자연스러운 컬을 연출하게 됩니다.

50대 여성 고객님은 주기적으로 셋팅펌을 하시는 분으로, 오랜 단골이십니다. 머리 길이는 어깨선을 조금 넘는 정도였고, 모질은 굵고 탄력이 있는 편이었습니다.

다만 새치 염색을 자주 하셔서 모발이 부분적으로 손상되어 있었습니다. 굵은 모발에 탄력은 좋지만, 손상이 누적되면 컬이 매끄럽게 나오기 어려울 수 있어 시술 전부터 꼼꼼한 관리가 필요했습니다.

시술을 시작하기 전, 단백질(PPT)을 먼저 뿌려

모발 내부에 부족한 영양을 채워 주었습니다.

이렇게 사전 작업을 하면 손상된 부분이 보완되어 약제의 침투가 균일해지고, 컬이 훨씬 안정적으로 형성됩니다.

고객님은 두피 볼륨보다는 컬의 자연스러움을 선호하는 스타일이었기에, 전체적으로는 자연스럽게 흐르면서도 끝부분은 탄력 있게 말아내는 방향으로 디자인했습니다.

굵은 모발은 컬이 잘 잡히면 오래 유지된다는 장점이 있습니다. 이번에도 파마약을 도포하고 충분한 시간을 두며 모발의 반응을 세심하게 살폈습니다.

시술 내내 '이번에도 예쁘게 나오길' 하는 마음으로 기다렸는데, 마무리 후 거울 속에 드러난 결과는 기대 이상이었습니다.

탄력 있으면서도 부드럽게 떨어지는 웨이브가 고객님의 분위기와 잘 어울렸습니다.

고객님은 "이번에도 마음에 들어요"라며 만족스러운 미소를 지으셨습니다.

단골손님이 늘 같은 스타일을 원하신다 해도, 그 안에서 작은 차이를 만들어 내고 매번 최선의 결과를 보여 드리는 것이 제 역할이라고 생각합니다.

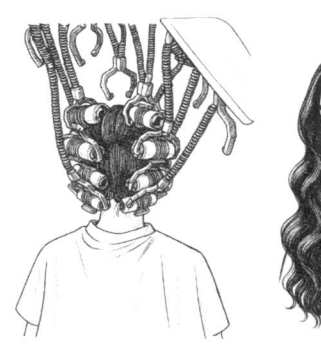 

<셋팅펌>

셋팅펌은 열 파마인데 요즘은 매직 셋팅펌도 많이 합니다.

매직 셋팅펌은 모발이 긴 곱슬머리분들이 많이 하는 펌이며, 뿌리 부분의 곱슬머리는 매직을 하여 펴고 모발의 1/2또는 1/3에까지 컬을 말아 주는 펌입니다. 곱슬머리를 펴 주어 깔끔한 웨이브를 만들어 줍니다.

:: **매직 셋팅펌 손질법**
- 모든 머리는 물기 제거를 한 후, 머리를 말리면 열이 많이 안 가도 되기 때문에 모발 손상을 막을 수 있습니다.
- 모발은 뜨거운 바람과 찬 바람을 교차해 가면

서 말리면 컬이 더 탄력 있게 말립니다.
- 손가락 사이에 머리카락을 끼워서 돌리면서 말려 줍니다. 이런 식으로 머리를 바짝 말리거나 조금 덜 말려도 컬의 느낌이 자연스럽게 됩니다.
- 전체 손가락을 머리카락 사이로 넣어서 쓸어 내려 줍니다.
- 에센스나 컬링 에센스로 마무리합니다.

∷ **열펌 - 아이롱펌**

<아이롱펌>

아이롱펌은 열펌의 한 종류로 가늘고 작은 고데기로 정교하게 성형하는 매직펌의 일종입니다. 부분부분 소량씩 의도한 대로 스타일을 만들어 내는 방법으로 완성됩니다.

보통 곱슬기가 있는 남성들이 일반적인 셋팅을 한 느낌의 스타일을 원할 때 곱슬을 펴면서 컬을 넣기 때문에 효과가 극대화됩니다. 자연스러운 컬을 만들어 줍니다. 아이롱펌으로 뿌리펌도 하고, 더 다양한 컬을 연출할 수 있습니다.

짧은 머리, 중간 머리, 긴 머리 다 할 수 있습니다. 대신 모발이 손상되지 않도록 단백질을 모발에 많이 발라 주어야 합니다.

손질법은 위의 것과 동일합니다.

:: **열펌 - 디지털펌**

30대 여성 고객님이 단발머리 스타일에 변화를 주고 싶다며 매장을 찾으셨습니다.

기존 머리는 뻗치듯 떨어져 볼륨이 부족해 보였고, 손질을 해도 금세 가라앉아 아쉬움이 많았다고 하셨습니다.

고객님이 원하신 것은 과하지 않으면서도 자연스럽게 살아나는 볼륨, 그리고 드라이 없이도 손쉽게 유지할 수 있는 컬이었습니다.

저는 상담 끝에 C컬과 S컬을 조합한 디자인을 제안했습니다. C컬은 끝부분을 안으로 말아 단정하면서도 얼굴선을 부드럽게 보완해 주고, S컬은 물결처럼 자연스러운 곡선을 만들어 단발에 가벼운 리듬감을 더해 줍니다.

두 가지를 적절히 섞으면 단발머리 특유의 답답함은 줄이고, 풍성하면서도 여성스러운 분위기를 살릴 수 있습니다.

시술 과정에서는 모발 끝부분에는 C컬을 주어 깔끔하게 떨어지도록 하고, 중간중간에는 S컬을 가볍게 섞어 전체적으로 흐르는 듯한 자연스러움을 살렸습니다.

펌이 끝난 뒤 거울 속에 비친 모습은 단정하면서도 경쾌했고, 고객님 역시 "볼륨도 살고 컬도 자연스러워서 손질하기 편할 것 같아요"라며 만족해하셨습니다.

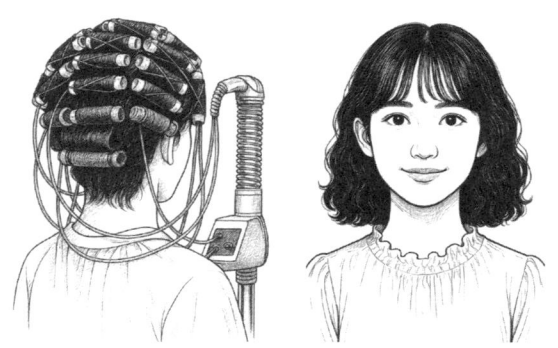

<디지털펌>

이 사례는 단발머리라고 해서 단순히 C컬이나 S컬 중 하나만 고집할 필요는 없다는 점을 보여 줍니다. 컬의 형태를 적절히 조합해 주면 얼굴형을 보완하고, 손질은 간단하면서도 스타일은 훨씬 세련되게 유지할 수 있습니다.

따라서 단발머리로 변화를 고민하신다면, 원하는 분위기에 맞춰 컬을 믹스하는 방법을 디자이너와 상의해 보시길 권합니다.

디지털펌은 열펌의 한 종류로 탄력 있는 머릿결을 유지해 주는 펌입니다.

열펌으로 인한 손상을 최소화하면서 개개인의 모발 상태에 따라 최적의 온도로 시술할 수 있는 편리한 펌입니다.

트랜드에 따라 맞춤 디자인이 가능하며 흘러내리듯 자연스러운 컬이 형성됩니다.

셋팅펌과 비슷한데 롯드 크기가 조금 더 작으며, 컬 형성이 조금 더 많고, 단발머리나 조금 더 짧은 머리도 할 수 있습니다.

손질법은 셋팅펌과 동일합니다.

:: **다운펌**

　50대 남성 고객님은 옆머리가 유난히 많이 뜨는 편이었습니다.

　모질이 강하고 곱슬기가 약간 있어, 머리를 짧게 잘라도 시간이 지나면 양옆이 금세 부풀어 올라 전체적으로 산만해 보이곤 했습니다.

　그래서 이분은 주기적으로 다운펌을 받으십니다. 다운펌은 특별한 스타일 변화를 주는 시술은 아니지만, 머리의 볼륨을 안정적으로 눌러 주어 단정한 이미지를 유지하는 데 큰 도움이 됩니다.

　오늘도 어김없이 "옆머리가 신경 쓰이네요"라는 말씀과 함께 다운펌을 요청하셨습니다.

　시술 전 모발 상태를 확인하고, 필요한 부분에 약제를 도포한 뒤 열 처리를 진행했습니다.

　옆머리의 뜨는 각도를 자연스럽게 눌러 주는 것이 핵심이기 때문에, 두상 곡선을 따라 결을 정리하며 시술을 진행했습니다.

　시간이 지나 약이 충분히 작용하자 모발이 차분하게 가라앉았고, 마무리 드라이를 하니 전체적인 윤곽이 훨씬 깔끔해 보였습니다.

　고객님은 거울을 보며 "확실히 얼굴이 작아 보이네요"라며 만족스러운 웃음을 지으셨습니다.

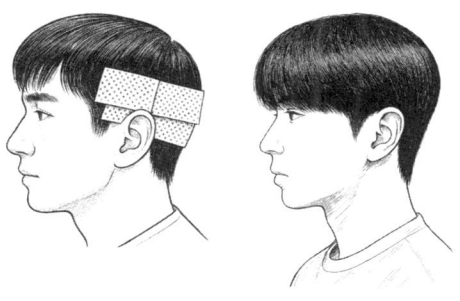

<다운펌>

옆머리가 부풀어 오르면 실제 얼굴보다 더 넓고 커 보이는 인상을 주는데, 다운펌을 통해 균형을 잡아 주면 단정하면서도 날렵한 이미지를 연출할 수 있습니다.

단순해 보이는 시술이지만, 인상과 분위기를 바꾸는 데에는 작은 차이가 큰 효과를 가져옵니다.

:: 롤스트레이트펌

50대 여성 고객님은 짧은 컷 스타일을 즐겨 하시는 분으로, 매번 시술에서 가장 중요하게 여기는 것은 컬이 아닌 볼륨감입니다.

모발량과 모질은 모두 중간 정도라 관리하기 크게 까다롭지는 않지만, 앞머리는 점점 가늘어지는 변화가 눈에 띄었습니다.

나이가 들며 모발 힘이 약해지다 보니, 스타일을 유지

하는 데 있어 뿌리와 뒷머리의 볼륨이 핵심이었습니다.

고객님은 "컬은 싫어요. 자연스럽게 볼륨만 있으면 좋겠어요"라고 늘 강조하셨습니다.

그래서 이번에도 컬을 크게 넣지 않고, 윗머리는 조금 더 가는 롯드로 뿌리 볼륨을 살려 주고, 다른 부분은 한 바퀴 반 정도의 C컬로만 가볍게 말아 주었습니다.

이렇게 하면 과한 웨이브가 생기지 않으면서도 머리를 감고 말리기만 해도 자연스럽게 볼륨이 살아납니다.

시술을 마친 뒤 거울을 보신 고객님은 "이 정도라면 집에서도 손질하기 참 편하겠어요"라며 만족스러워하셨습니다.

실제로 드라이기로 가볍게 말리는 것만으로도 뒷머리와 윗머리가 자연스럽게 살아나 얼굴이 작아 보이고, 전체적으로 경쾌한 분위기를 주었습니다.

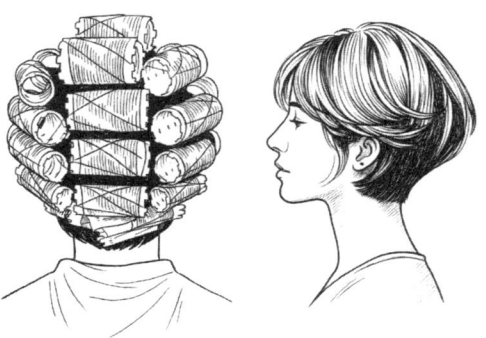

<롤스트레이트펌>

이번 사례는 펌이 꼭 컬을 만들기 위한 것만은 아니라는 점을 보여 줍니다.

고객의 모발 상태와 취향에 맞춰 섬세하게 조정하면, 볼륨만으로도 충분히 만족스러운 스타일을 완성할 수 있습니다.

TIP | **롤스트레이트펌의 손질법**

- 물기를 제거 후 네이프 위주는 뜨거운 바람으로 50% 정도는 말려 줍니다.
- 앞머리는 찬 바람으로 말려 주는데 가르마 반대 방향으로 말린 후 다시 가르마 방향으로 말려 줍니다.
- 이런 방법을 계속 반복적으로 하다 보면 볼륨이 잘 살아서 드라이할 필요 없이 머리 말리는 것만으로도 마무리를 할 수 있습니다. 부분적으로 드라이 롤로 살짝씩 C컬 드라이를 해 줍니다.

:: **매직스트레이트펌**

초등학교 6학년 여자 어린이가 엄마와 함께 미용실을 찾았습니다.

어깨 아래로 약 15cm 정도 내려오는 곱슬머리를 가지고 있었는데, 나이가 어려도 곱슬머리 때문에 생기는 불편은 어른들과 크게 다르지 않았습니다.

특히 초여름이 되면 습기가 많아 곱슬머리가 쉽게 부스스해지고, 정돈되지 않은 인상 때문에 지저분해 보이는 것이 큰 고민이라고 했습니다.

친구들과 어울릴 때도 머리 때문에 신경이 쓰인다는 말을 듣고, 머리를 펴고 싶어 하는 마음이 전해졌습니다.

곱슬머리를 차분하게 펴기 위해 선택한 방법은 매직 시술이었습니다.

매직은 열과 약제를 활용해 모발의 결을 곱게 펴 주는 시술인데, 끝나고 나면 머리카락이 압축된 듯 훨씬 가볍고 매끄럽게 떨어집니다. 다만, 긴 시간을 필요로 한다는 점이 있어 이번 시술에도 약 4시간 정도가 소요되었습니다.

어린 고객이 긴 시간을 차분히 견딜 수 있을까 걱정되었지만, 거울 속에서 점점 달라지는 자신의 모습을 보며 오히려 즐거워하는 표정이 인상적이었습니다.

시술을 마치고 나니 이전의 부스스함은 사라지고, 매끄럽게 떨어지는 긴 생머리가 완성되었습니다.

머리가 가벼워지면서 손으로 빗어도 엉키지 않고, 관리하기도 훨씬 쉬워졌습니다. 거울을 바라보던 아이는 활짝 웃으며 "너무 좋아요!"라고 말했고, 함께

온 어머님도 만족스러운 표정을 지으셨습니다.

<매직스트레이트펌>

　매직 시술로 곱슬이 펴지고 머리가 훨씬 가벼워진 만큼, 이후 관리가 중요합니다.
　시술 직후에는 고온의 드라이기 사용을 피하고, 전용 샴푸와 영양제를 병행하면 매끄러운 상태를 오래 유지할 수 있습니다. 아침마다 빗질만 해도 단정하게 정리되니, 아이가 스스로 손질하기 한결 수월해졌습니다.

　매직스트레이트펌은 머리가 길거나 중단발, 짧은 머리 모두 할 수 있으며 곱슬이 심할 경우 가는 머리에도 가능합니다.

매직스트레이트 후 에센스나 열 보호제를 꼭 바른 후 뜨거운 바람으로 말리고 마지막에 찬 바람으로 말려 주면 됩니다.

머리를 말린 후 에센스를 아주 조금만 발라 주면 됩니다.

:: **볼륨펌**

머리에 컬을 넣어 볼륨을 만들어 내는 펌입니다. 볼륨펌은 미용실마다 미용사마다 다른 컬과 머리 모양이 나오게 됩니다.

반드시 사진을 찍어 오거나 인터넷으로 검색 후 충분한 상담이 필요한 시술입니다.

:: **댄디펌**

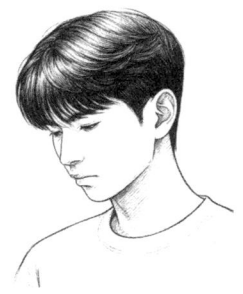

<댄디펌>

흔히 볼륨컷과 혼용되는 펌 명칭입니다. 기본적으로 완만한 C컬 형태입니다.

정확하게는 머리를 댄디컷 스타일로 자른 뒤, 펌으로 완성하는 것이 댄디펌입니다.

시술 전 상담이 많이 필요하고 원하는 스타일의 사진을 보여 주면 제일 명확합니다.

:: 쉐도우펌

<쉐도우펌>

댄디펌보다 더 강한 컬을 넣어 곱슬거리게 만드는 펌입니다. 스타일링하기에 따라 거친 인상부터 부드러운 인상까지 다양하게 만들 수 있습니다.

:: 히피펌

20대 후반 여성 고객님은 정기적으로, 약 3개월

에 한 번씩 히피펌을 하러 오십니다.

그녀의 모발은 가늘고 힘이 없어 축 처지는 편이고, 숱도 많지 않아 스타일링을 해도 금세 볼륨이 죽어 버리는 것이 늘 고민이었습니다.

그래서 선택한 것이 바로 히피펌입니다. 잔잔하고 작은 웨이브가 머리 전체에 골고루 들어가면서 자연스럽게 볼륨을 살려 주는 스타일이라, 숱이 적은 모발에도 생기를 불어넣을 수 있습니다.

시술 전에는 힘없이 늘어진 머리카락 때문에 얼굴 윤곽이 뚜렷하게 드러나지 않고, 전체적인 이미지가 가라앉아 보였습니다.

하지만 펌이 끝난 후 거울을 본 고객님의 표정은 확연히 달라졌습니다. 컬이 고르게 들어가자 머리카락이 훨씬 풍성해 보였고, 뿌리까지 살아나 얼굴도 작아 보이며 전체적인 인상이 한결 경쾌해졌습니다.

그녀는 "이래서 히피펌을 계속 하게 돼요"라며 웃으며 만족을 표현하셨습니다.

<히피펌>

히피펌은 단순히 볼륨을 주는 것에서 끝나지 않습니다.

가늘고 숱이 적은 모발의 단점을 보완하고, 일상에서 특별히 드라이를 하지 않아도 자연스럽게 스타일이 유지되는 장점이 있습니다.

특히 바쁜 직장인이나 손질이 서툰 분들에게는 손쉬운 해결책이 될 수 있습니다.

가늘고 숱이 적은 모발이라면, 잦은 열기구 사용 대신 히피펌처럼 구조적으로 볼륨을 살려 주는 스타일을 고려해 보시길 권합니다.

관리가 훨씬 수월해지고, 머릿결도 덜 손상시키면서 원하는 볼륨을 오래 유지할 수 있습니다.

머리의 볼륨보다도 머리 그 자체의 컬감에 집중하는 스타일입니다. 빠글한 느낌의 일반 볼륨펌들과는 달리 굵직하게 흘러내리는 듯한 모양이 됩니다.

풍성한 컬로 인해 발랄하고 생기 있어 보이게 만들어 주고 얼굴을 작아 보이게 하는 효과도 있습니다.

가는 머리에는 볼륨감을 살리기 위해서 많이 합니다. 굵은 머리에는 모발의 풍성함을 강조하여 개성 있는 스타일을 내기에 좋습니다.

남성이 히피펌을 하면 마초적인 분위기를 만들어 줍니다. 푸들펌이라고도 부릅니다.

롯드가 많이 들어가는데 모발을 꼬아서 말아 주는 기술이기에 시술 시간이 많이 걸립니다.

:: **가르마펌**

30대 초반의 단정한 인상의 남성 고객님께서 어느 날 조심스럽게 매장을 찾아오셨습니다.

처음 상담할 때부터 그의 눈빛은 꽤 진지했는데, 알고 보니 오래전부터 '가르마펌'을 해 보고 싶다는 생각을 품고 있었던 분이었습니다.

하지만 당시 머리 길이가 짧아 원하는 스타일을 당장 시도하긴 어려웠고, 특히 앞머리 길이가 너무 부족해서 스타일의 완성도가 떨어질 수밖에 없는 상태였죠.

그래서 저는 정직하게 말씀드렸습니다. "지금은 조금 이르세요. 원하는 느낌을 제대로 살리려면 앞머리가 적어도 눈동자 정도는 덮을 수 있어야 해요. 한두 달만 더 길러 보시는 게 좋겠습니다."

그때 고객님은 고개를 끄덕이며 말없이 미소를 지으셨습니다. 그리고는 정말 두 달 동안 묵묵히 머리를 기르셨습니다.

관리가 쉽지 않았을 텐데도 중간에 한 번도 자르지 않고, 그저 길이 맞추기에만 집중하셨다고 하더군요.

머리카락이 어정쩡하게 길어져 스타일이 애매해질 때마다 참으셨고, 출근할 때는 왁스나 드라이로 앞머리를 억지로 눌러 가며 하루하루를 보내셨다고 합니다.

그리고 드디어, 머리카락이 눈을 살짝 덮을 만큼 자란 어느 날, 그 고객님이 다시 저희 매장을 찾아오셨습니다. 문을 열고 들어오시며 환하게 웃는 모습에서 얼마나 기다렸는지가 느껴졌어요. "선생님, 이제 할 수 있겠죠?" 하는 그 한마디에, 저도 덩달아 반가운 마음이 들었습니다.

손질해 드리기 전, 고객님의 머리를 가볍게 넘겨 보니 정말 딱 원했던 그 길이, 앞머리가 눈동자를 자연스럽게 덮는 그 이상적인 상태가 되어 있었습니다.

저는 곧바로 가르마펌 시술을 준비했고, 고객님은 마치 오랜 기다림 끝에 선물을 받는 아이처럼 설레는 표정을 지으셨습니다.

펌이 완성되고, 스타일링까지 마친 뒤 거울 앞에 선 고객님의 얼굴에는 뿌듯함과 만족감이 고스란히 묻어났습니다.

"기다리길 잘했어요. 지금이 딱이네요."라는 말을 들으며 저 역시 뿌듯함을 느꼈습니다. 단순한 시술이 아니라, 그동안의 기다림과 노력, 기대와 설렘이 모두 어우러져 완성된 순간이었기 때문이죠.

이런 고객님들을 만날 때면, 미용이 단순히 겉모습을 다듬는 일을 넘어서 사람의 자신감과 기분, 그리고 일상의 작은 성취감까지 함께 디자인하는 일이라는 사실을 다시금 느끼게 됩니다.

<가르마펌>

가르마펌은 앞머리를 자연스럽게 쓸어 올리며 가운데 가르마를 탔을 때, 적당한 볼륨이 생기도록 만들어 주는 스타일입니다.

과하지 않은 컬이 얼굴선을 부드럽게 감싸 주면서도 깔끔하고 단정한 인상을 줍니다.

특히 직장인이나 학생들에게 인기가 많은 이유는 손질이 간단하면서도 세련된 분위기를 연출할 수 있기 때문입니다.

가르마펌은 아침에 손으로만 넘겨서 정리해도 스타일이 잡히고, 드라이기로 살짝 바람만 넣어 주면 완성도가 높아져 바쁜 일상 속에서도 활용도가 높습니다.

특히, 가르마펌은 긴 준비 기간이 필요하지만, 한번 완성되면 손질 편의성과 이미지 개선 효과가 크기 때문에 많은 남성 고객들에게 추천할 만한 스타일입니다.

펌의 종류는 다양합니다.

따라서 자신이 원하는 펌의 사진을 가져가 미용사와 충분히 상담하여 나의 머리 상태에 맞는, 나에게 어울리는, 나의 모발에 맞는 스타일을 찾는 것이 매우 중요합니다.

얼굴형에 어울리는 펌

∷ 둥근 얼굴형

30대 초반 여성 고객님은 얼굴형 때문에 고민이 많았습니다.

특히 동그란 얼굴이 더 커 보이는 것 같아 불만을 토로하셨습니다.

기존 스타일은 층이 거의 없는 단발이었는데, 이 경우 머리카락이 무겁게 떨어져 얼굴 윤곽이 그대로 드러나면서 둥근 인상이 강조되는 단점이 있었습니다.

저는 우선 전체 길이를 조금 정리하면서 자연스럽게 층을 넣어 주었습니다.

과하지 않은 레이어드 컷을 주면서 머리카락이 한 덩어리로 떨어지지 않고, 부드럽게 흘러내려 얼굴형을 보완할 수 있습니다. 이후 C컬펌을 더해 모발 끝이 안쪽으로 말리도록 시술했습니다.

이렇게 하면 드라이기로 간단히 말리기만 해도 뿌리에서부터 자연스럽게 볼륨이 살아나고, 얼굴선은 길어 보이는 효과를 얻게 됩니다.

시술을 마친 뒤 거울을 보신 고객님은 "얼굴이 조금 길어 보이니까 인상이 달라진 것 같아요"라며 만족해하셨습니다.

동그란 얼굴형을 완전히 바꾸는 것은 어렵지만, 레이어드 컷과 C컬펌을 조합하면 부드럽게 윤곽을 정리하면서 전체적으로 갸름해 보이는 인상을 줄 수 있습니다.

이 사례는 단순히 머리 길이만 다듬는 것이 아니라, 얼굴형을 고려한 디자인과 시술의 조화가 얼마나 중요한지를 보여 줍니다.

둥근 얼굴형으로 고민하는 분들에게는 무겁게 떨어지는 단발보다는 레이어드와 C컬펌을 활용한 가벼운 스타일링이 좋은 대안이 될 수 있습니다.

:: **각진 얼굴형**

뚜렷한 턱선과 광대뼈를 가지고 있습니다.

각진형은 뚜렷한 턱선을 가졌기에, 그에 맞는 부드러운 실루엣을 선택하는 것이 중요합니다.

미디엄 길이의 레이어드 컷은 얼굴은 부드럽게 감싸주며, 볼륨감 있는 웨이브 형태(단발 굵은 S컬)도 매우 효과적입니다.

앞쪽에 긴 찰랑이는 머리카락을 두면 얼굴의 각진 면을 부드럽게 보완할 수 있습니다(레이어드 C컬펌). 강한 각진 턱선이 보이지 않도록 귀 뒤로 넘기는 스타일이나 부드러운 앞머리를 추천합니다.

:: 긴 얼굴형

길이가 넓이보다 크고, 긴형은 길이에 비해 폭이 좁기 때문에, 이를 균형 있게 보완하기 위해서는 볼륨감을 주는 실루엣이 필요합니다.

미디엄 길이의 웨이브 스타일이 효과적이며, 측면에 볼륨을 주어 얼굴이 더욱 커 보이게 하는 것입니다.

앞머리를 비스듬히 내려 길이를 줄여 주면 얼굴이 작아 보이는 효과를 줍니다.

커다란 컬로 볼륨을 주면 균형을 맞추어 줍니다. 짧은 커트보다는 길어 보이는 형태를 추천합니다.

:: 타원형(계란형) 얼굴

이목구비가 균형 잡혀 있어 다양한 스타일을 소화할 수 있습니다.

타원형(계란형)은 대부분의 헤어를 소화할 수 있는 장점이 있고, 더욱 돋보이게 하려면 얼굴선을 강조하는 실루엣이 효과적입니다.

미디엄부터 롱헤어까지 폭넓은 선택이 가능하며, 특히 뒷머리에 볼륨을 주고 앞머리를 약간의 층으로 가볍게 연출하면 아름다운 실루엣을 만들어 줍니다.

반묶음이나 포니테일로 액세사리를 추가하면 더욱 세련된 느낌을 연출할 수 있습니다.

타원형은 다양한 변형이 가능하며, 자신의 취향에 맞춰 변화를 줄 수 있습니다.

:: 다이아몬드(마름모형) 얼굴

좁은 이마와 턱, 넓은 광대뼈가 특징입니다.

다이아몬드형은 얼굴형에 맞는 헤어 실루엣은 광대뼈를 부드럽게 감싸 주는 형태 또는 시선을 분산하기 위해 중간 길이의 레이어 된 머리나, 숏컷 스타일을 추천합니다.

앞머리의 경우, 사이드뱅 볼륨을 살려서 광대를 커버하고 샤프한 턱선을 강조합니다.

:: 하트(역삼각형) 얼굴

머리 위쪽은 넓어 보이나 턱선으로 올수록 좁아지는 얼굴 형태입니다.

귀 높이에서부터 웨이브가 들어간 스타일이 잘 어울리며 C컬펌 또는 무거운 느낌의 굵은 S컬펌을 추천합니다.

헤어를 완성하는 데에는 전문가의 조언이 매우 중

요합니다.

고객의 얼굴형뿐 아니라, 머리카락의 질감, 두상 상태, 고객의 라이프 스타일까지 종합적으로 고려해서, 충분한 대화를 통해 자신에게 맞는 분위기를 찾고, 이를 지속적으로 유지할 수 있으며 매력적인 외모와 함께 자신감을 높일 수 있습니다.

펌 후 손질과 관리

:: 일반펌 손질법

펌을 한 머리는 **찬 바람으로 두피 위주로 말려 줍니다.**

에센스나 열 보호제를 꼭 바르고 찬 바람으로 말려 주는데 이때도 거꾸로 해서 말려 주면서 뿌리 볼륨이 잘 살게 해서 손질합니다.

두피가 어느 정도 마르면 혹시 모발 쪽이 부스스하게 되어 있을 경우에는 분무기로 물을 뿌려 준 후 컬링 에센스를 발라 마무리해 줍니다.

이때 웨이브를 살리면서 말려 줘야 하는데 제품을 바르면서 주먹을 쥐었다 폈다 하면서 컬을 만져 주면서 바르면 컬이 살아나면서 더 탱글한 컬이 생성됩니다.

70대 친정엄마도 컬이 많이 고불고불합니다.

두 달에 한 번씩 주기적으로 펌을 합니다. 뿌리에 힘이 없으면 머리의 볼륨감이 죽기 때문입니다.

저도 엄마한테 "조금만 컬을 굵게 해 볼까요?" 하고 조금 굵게 해 드리면 다음번엔 하던 대로 다시 가늘게 하십니다.

중년 여성들이 많은 곳에 가면 일상에서나 해외여행을 가거나 우리 어머님들의 스타일이 비슷한 경우가 많습니다.

머리에 볼륨감을 주기 위해 펌이 많이 고불고불한 스타일이 많습니다.

컬을 많이 넣은 머리는 그루프를 말기 쉽게 하기 위해서 컬을 많이 넣은 것입니다.

∷ **펌 머리 그루프로 하는 손질법**

1) 모발을 80% 정도 말린 후 그루프를 말아 줍니다.
2) 가는 꼬리빗으로 고르게 빗질해서 그루프 크기만큼 떠서 말아 줍니다.
3) **머리 위에서부터 아래쪽으로 말아 줍니다.**
4) **옆머리는 굵은 그루프로 말아 줍니다.**
5) 나머지는 길이에 맞춰서 말아 주면 됩니다.

> **TIP** | 그루프 마는 법
>
>
>
> <그루프 마는 방법>
>
> - 앞머리와 정수리 쪽은 가는 것으로 지그재그로 말아 줍니다.
> - 앞머리와 정수리 쪽은 머리를 밀듯이 각도를 최대한 주어서 말아 줍니다.

∷ **직펌 손질법**

모든 머리카락은 샴푸 후 수건으로 최대한 물기를 제거한 후, 드라이기 바람으로 **두피 위주로 모발을 말려 주며** 컬 느낌을 살릴 경우는 밑에는 말리지 않고, 제품을 바른 후 그대로 자연으로 말려 주면 자연스러운 컬이 만들어집니다.

조금 더 자연스럽게 말리려면 모발은 뜨거운 바람과 찬 바람을 번갈아 가면서 머리카락을 돌리면서 말려 줍니다.

다 말린 후 풀어 주면 자연스러운 컬이 형성됩니다.

∷ **셋팅펌 손질법**

셋팅펌 등 모든 모발은 물기 제거를 잘 해 준 후 머리를 말리면 열이 많이 안 가도 되기 때문에 모발 손상을 막을 수 있습니다.

1) 머리카락을 4등분을 한 후 컬 방향이 앞으로 (얼굴 방향 쪽)으로 말리려면 검지 손가락 사이에 머리카락을 넣어서 돌려 줍니다.

2) 머리가 마를 때까지 등분한 머리카락 전부 컬 방향이 뒤로(얼굴 반대 방향 쪽) 말리려면 뜨거운 바람과 찬 바람을 교차해 가면서 말리면 컬이 더 탄력 있게 말립니다.

3) 손가락 사이에 머리카락을 끼워서 돌리면서 말려 줍니다.

이런 방법으로 머리를 말리면 바짝 말리거나 조금 덜 말려도 컬의 느낌이 자연스럽게 됩니다.

4) 전체 손가락을 머리카락 사이로 넣어서 쓸어 내려 줍니다.

5) 에센스나 컬링 에센스로 마무리합니다.

:: **디지털펌 손질법**

셋팅펌과 동일합니다.

:: **아이롱펌 손질법**

모발이 손상되지 않도록 단백질을 모발에 많이 발라 주어야 합니다.

손질법은 위의 것과 동일합니다.

:: **롤스트레이트펌의 손질법**

1) 물기를 제거합니다.
2) 네이프 위주는 뜨거운 바람으로 50% 정도는 말려 줍니다.
3) 찬 바람으로 말려 주는데 가르마 반대 방향으로 말린 후 다시 가르마 방향으로 말려 줍니다.
 이런 방법을 계속 반복적으로 하다 보면 볼륨이 잘 살아서 드라이할 필요 없이 머리 말리는 것만으로도 마무리를 할 수 있습니다.
4) 부분적으로 드라이 롤로 살짝씩 C컬 드라이를 해 줍니다.

:: **매직스트레이트펌 손질법**

  1) 에센스를 바르고 뜨거운 바람으로 말리다가 찬 바람으로 말려 주면 됩니다.
  2) 다 말린 후 에센스를 조금만 발라 줍니다.
  3) 가볍게 드라이를 해 줍니다.

커트와 스타일링

기본 커트의 종류

:: **짧은 머리 스타일**

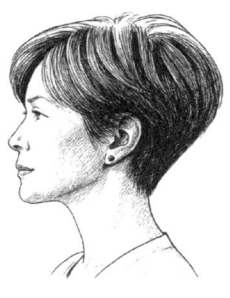

<숏컷>

짧은 머리는 보이시하면서도 세련된 느낌을 줄 수

있으며 단정해 보이는 효과를 줍니다.

머리 감기나 말리는 시간이 매우 단축되고 린스나 트리트먼트 등 헤어케어 제품들도 사용할 필요성이 적어져 귀찮음이 덜합니다.

∷ **미디엄 헤어스타일 - 미디엄 레이어드컷(허쉬컷)**

<허쉬컷>

층을 내어 가볍고 자연스러운 느낌을 연출하며, 묶었을 때도 자연스러운 잔머리가 얼굴을 작게 보이도록 합니다.

:: 미디엄 헤어스타일 - 미디엄 단발

<미디엄 단발컷>

　턱선에서 어깨선까지의 길이로, 다양한 스타일링이 가능하며 어려 보이는 효과를 줍니다.
　중단발에는 미디엄 빌드펌이라는 자연스러운 컬을 넣어 볼륨감과 여성스러움을 더합니다.
　눈썹을 덮는 앞머리(풀 프린지)를 더해 귀엽고 발랄한 느낌을 주기도 합니다.

:: 미디엄 헤어스타일 - 미디엄 보브컷

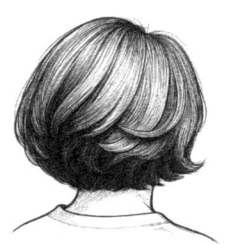

<보브컷>

깔끔하고 세련된 스타일로, 도시적인 이미지를 연출합니다.

자신의 얼굴형과 이미지에 맞는 스타일을 선택하는 것이 중요하고 펌, 커트, 염색 등은 전문가와 충분한 상담 후 나에게 어울리는 스타일을 찾아 보기를 권합니다.

:: 미디엄 헤어스타일 - 단발컷

<단발컷>

단발은 귀밑이나 목덜미 언저리에서 머리카락을 가지런히 자른 머리 모양이며, 옆머리와 뒷머리가 같은 길이입니다.

옆으로는 귀를 덮을 수 있고 뒷머리가 뒷목을 가릴 정도의 길이를 유지하는 형태입니다.

남녀 스타일별 대표 컷

:: 남자 헤어컷 - 가일컷

<가일컷>

뒷머리와 옆머리는 다운펌으로 깔끔하게 눌러 주고 6:4 정도의 가르마를 세팅해 준 후 한쪽은 흘러내리듯 표현해 주고 반대편은 포마드로 잡아 줍니다.

비대칭적인 디자인으로 처음 나왔을 땐 호불호가 심했지만 볼수록 매력이 있는 스타일입니다.

올림머리와 내림머리가 만들어 내는 분위기가 반반씩 섞이다 보니 더 매력적입니다.

앞머리를 내릴 때는 귀엽고 댄디한 이미지, 올릴 때는 섹시한 이미지가 믹스되어 있는 스타일입니다. 내리는 앞머리의 양, 길이에 따라 분위기가 달라지며, 앞머리 양을 조절해서 나에게 맞는 스타일을 연출해 봅시다.

:: 남자 헤어컷 - 댄디컷

<댄디컷>

머리 길이가 앞머리는 눈썹, 윗머리는 아래로 내려오고, 구레나룻은 적당히 길지 않으면서 옆머리는 귀를 덮지 않고 뒷머리는 짧게 한 스타일이며, 깔끔하면서 모던한 느낌이 나는 스타일입니다.

스타일링이 쉬워 관리하기 편하고 손이 많이 가지 않습니다.

단점으로는 버섯머리나 바가지 머리가 될 수 있으니 무겁지 않게 질감 처리를 하여야 합니다.

쉐도우펌, 볼륨펌으로 스타일을 만들면 더 손질하기 쉬운 머리가 됩니다.

:: 남자 헤어컷 - 리프컷(leaf cut)

<리프컷>

머리 모양이 나뭇잎 같다 하여 붙여진 이름입니다. 여자 머리 기준으로는 숏컷, 남자 머리 기준으로는 장발로 분류되는 중성적인 느낌을 주는 머리입니다. 앞머리가 길고 층을 내어 질감 처리를 많이 하는 스타일이며 섀도우펌이나 히피펌으로 스타일을 만들어도 아름다운 스타일 연출을 할 수 있습니다.

:: 남자 헤어컷 - 크롭컷

<크롭컷>

옆 머리카락과 뒷 머리카락을 짧게 다듬고 앞 머리카락을 조금 남겨 볼륨을 더한 헤어스타일입니다. 투블럭과는 다르게 옆 머리카락과 뒷 머리카락을 상고머리처럼 자연스럽게 일자 라인으로 자르고 앞 머리카락은 비교적 길게 자르며, 주변 머리카락은 깔끔하게 자릅니다.

두상이 예뻐야 스타일이 예쁘게 나오는 스타일입니다.

깔끔하면서 단정한 스타일입니다.

∷ 남자 헤어컷 - 크루컷(crew cut)

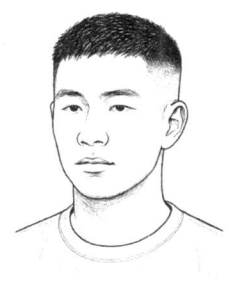

<크루컷>

머리카락을 짧게 남기는 헤어스타일이며 아이비리그컷이라 불린 적이 있는 스타일입니다.

스포츠컷이라고도 합니다.

바리깡으로 옆 머리카락은 반삭과 비슷한 길이로 자르며 윗 머리카락과 앞머리는 2cm 이상 길게 남겨 최소한의 형태를 유지합니다.

머리가 짧기 때문에 헤어왁스 등으로 스타일을 만지기에 좋습니다.

단점은 짧은 머리여서 스타일 연출이 한정적이어서 개인의 개성적인 모습이 보여지는 것이 제한적입니다. 짧은 컷은 머리 자르는 주기가 더 빠릅니다.

:: 남자 헤어컷 - 투블럭컷

<투블럭컷>

앞머리와 윗머리는 남기고 옆 뒷머리를 짧게 치는 헤어스타일입니다.

두상이 옆머리가 튀어나온 사람들을 위해 보완하기 위해 나온 스타일인데 길이에 따라 다양한 헤어스타일을 만듭니다.

　10~23mm까지의 옆 뒷머리 길이가 투블럭이라고 구분되는 기준으로, 옆 뒷머리가 어느 정도 남아 있으면 경계선이 상대적으로 부각되지 않는 소프트 투블럭에 해당됩니다.

　일반인들도 소프트 투블럭을 선호합니다.

　'옆 뒷머리는 짧고 윗 앞머리를 길게'라는 원칙이 있습니다.

　옆머리가 심하게 뻗치는 경우 다운펌으로 눌러 주어야 스타일이 깔끔해 보이고 얼굴이 작아 보이는 효과가 있습니다.

　윗머리는 볼륨펌이나 드라이펌을 해 주면 머리 손질하는 것이 매우 편리합니다.

　뒷머리와 앞머리가 뚜껑처럼 되지 않도록 질감 처리를 잘 해야 전체적으로 스타일을 손질하기에 좋습니다.

　전문가와 상담을 할 때는 원하는 사진을 보여 주면서 상담을 하면 좋습니다.

　앞머리도 내가 보는 길이랑 전문가가 해석하는 길이는 다릅니다.

　서로의 관점으로 보기 때문에 사진을 보면서 상담을 하면 원하는 스타일을 만들 수 있습니다.

남자컷은 짧은 스타일이라 한 달에 한 번 정도 컷을 하는데 스타일이나 라이프 스타일에 따라 2~3주에 한 번씩 컷을 하기도 합니다.

염색이나 펌으로 나만의 스타일을 만드는 것도 괜찮고, 나의 두상과 모질에 따라 스타일을 연출합니다.

∷ 여성 헤어컷 - 단발(보브단발, 중단발)

단발은 세련되고 관리하기 쉬운 스타일이며, 가는 머리카락의 여성들에게 적합하여 얼굴 라인을 명확하게 보여 주는 효과가 있습니다.

매끄러운 단발 스타일을 유지하기 위해서는 정기적인 커트와 트리트먼트는 필수입니다.

볼륨감을 더하기 위해 레이어를 추가하거나 부드러운 웨이브를 연출하는 것도 좋은 방법입니다.

∷ 여성 헤어컷 - 숏컷

짧은 컷은 활기차고 젊어 보이는 스타일입니다.

특히 얼굴 윤곽을 잘 드러내고 싶은 여성에게 적합하며 다양한 스타일링으로 연출이 가능하며 매끄럽게 정리하거나 컬로 볼륨감을 더하거나 텍스처를 살려 자연스럽게 스타일링합니다.

앞머리를 다듬거나 옆으로 쓸어 넘기는 등의 변화

를 통해 나만의 스타일을 만들 수 있습니다.

:: 여성 헤어컷 - 롱헤어

긴 머리는 여성스럽고 우아한 스타일입니다.

머리카락이 굵거나 곱슬머리를 가진 여성들에게 적합하며, 다양한 레이어와 웨이브를 통해 스타일링이 가능합니다.

부드러운 웨이브로 여성스러운 분위기를 연출하거나, 볼륨 있는 레이어로 활기찬 이미지를 표현하는 것도 좋습니다.

머리띠나 헤어 액세서리를 활용하여 더욱 세련된 스타일을 연출할 수 있습니다.

웨이브는 부드럽고 세련된 스타일입니다.

얼굴 라인을 부드럽게 보여 주고 싶은 여성들에게 적합하며, 다양한 웨이브 패턴으로 연출 가능합니다.

컬링 에센스를 사용하여 자연스러운 컬을 연출합니다.

볼륨감을 더하기 위해 뿌리 부분을 살짝 들어 올려 주는 것도 도움이 됩니다.

> **TIP | 컷의 변화**
>
> 머리카락에 하이라이트나 염색을 하여 변화를 줄 수도 있습니다.
>
> 특히 백발을 가리거나 얼굴색을 밝게 보이도록 하는 데 효과적입니다.
>
> 머리띠나 헤어핀, 헤어밴드 등의 액세서리를 활용하여 스타일을 더욱 세련되게 완성하기도 합니다.

규칙적인 커트로 깔끔한 모습을 유지하고 적절한 샴푸와 트리트먼트를 사용하여 두피와 모발을 관리합니다.

나의 모질과 스타일에 따라 알맞은 제품을 사용합니다.

앞머리의 힘

앞머리는 사람의 이미지를 많이 좌우합니다.

앞머리의 길이에 따라 이미지가 많이 달라 보이기도 합니다.

앞머리가 없으면 인상이 깨끗하고 시원해 보이며,

반대로 앞머리를 내려 이마를 덮으면 얼굴이 작아 보이고 어려 보이며, 더 여성스러워 보이는 효과가 있습니다.

앞머리 길이에 따라 다양한 연출이 가능합니다.

TIP | 앞머리 스타일링

앞머리의 뿌리 볼륨을 살리는 것이 중요합니다.

드라이기를 사용하여 뿌리 부분을 살짝 들어 올리면서 말리거나 롤빗이나 그루프를 사용하여 머리카락을 말아 줍니다.

스프레이를 사용하여 스타일을 고정하면 볼륨을 오래 유지할 수 있습니다.

뿌리 부분과 앞머리 전체에 스프레이를 살짝 뿌려 줍니다.

앞머리를 자연스럽게 넘기거나 살짝 옆으로 넘기는 가르마 스타일은 얇은 앞머리에 볼륨감을 더해 줍니다.

앞머리 숱이 적다면 층을 내어 자르거나 시스루 뱅 스타일로 연출하면 가볍고 자연스러운 느낌을 줄 수 있습니다.

왁스나 스프레이 등 헤어스타일링 제품을 사용하여 볼륨을 살리고 고정할 수 있습니다.

두피 건강이 좋지 않으면 탈모로 이어질 수 있으니, 두피 마사지나 샴푸 등으로 두피를 건강하게 관리하는 것이 중요합니다.

> 또한 과도한 제품 사용은 앞머리를 떡지게 하고 더욱 얇아 보이게 할 수 있습니다.
> **머리를 너무 세게 묶는 습관도 두피 손상을 유발하고 탈모를 유발할 수 있습니다.**
> 탈모가 의심되는 경우 전문가와 상담하여 정확한 원인을 파악하고 치료하는 것이 반드시 필요합니다.

:: 가르마에 따른 스타일

40대 여성 고객님이 상담 중에 "앞머리 쪽이 자꾸 비어 보이는 것 같아요"라며 걱정을 털어놓으셨습니다.

최근 들어 가르마를 탈 때마다 머리카락이 얇아지고, 두피가 드러나 보이는 것이 큰 고민이라고 하셨습니다.

특별히 탈모 증상이 있는 것도 아닌데, 왜 앞머리만 이렇게 빠져 보일까 의아해하셨습니다.

원인을 확인해 보니, 오랫동안 같은 방향으로만 가르마를 타 온 습관이 문제였습니다.

한쪽으로 머리카락이 반복적으로 쏠리다 보니 그 부위가 점점 눌리고 약해져 머리카락이 빠져 보이는 것이었습니다.

사실 가르마는 단순히 머리의 갈래를 나누는 것처럼 보이지만, 얼굴형과 인상에 큰 영향을 미치고 두피 건강에도 직결됩니다.

가르마 방향에 따라 얼굴형이 달라 보이기도 하고, 특정 부위에만 자극이 집중되면 모발 밀도가 점점 줄어드는 결과를 가져올 수 있습니다.

저는 고객님께 지금까지 타던 방향과 반대쪽으로 가르마를 옮겨 보시라고 권했습니다.

작은 변화지만, 평소와 달라진 인상 덕분에 분위기도 새로워지고, 두피 한쪽에 집중되는 부담도 줄일 수 있습니다.

또한 **가르마를 주기적으로 바꿔 주면** 머리카락이 특정 부위에만 눌리지 않아 볼륨도 살고 **탈모 예방**에도 도움이 됩니다.

따라서 앞머리 쪽이 비어 보이거나 가르마 라인이 점점 넓어지는 것이 걱정된다면, 우선 가르마 방향을 바꿔 보는 것부터 시작해 보시길 권합니다.

드라이할 때 손가락으로 모발을 자연스럽게 흩어 주거나, 부분적으로 볼륨을 살려 주는 습관만으로도 큰 차이를 경험하실 수 있습니다.

가르마는 앞머리를 좌우로 나눌 때 머리카락이 나누어진 지점을 '가르다'에서 파생된 표현입니다.

　여성의 경우 머리카락이 장발인 경우가 많으며, 단발이라고 해도 길이가 최소한 귀밑을 넘기는 경우가 많으니, 가르마가 5:5든, 2:8이든 자연스럽게 하고 다니는 반면, 남성의 경우 가르마가 잘 어울리는 사람과 그렇지 않은 사람이 있기 때문에 호불호가 갈리는 헤어스타일입니다.

∷ **이마 정중앙을 기준으로 가르마를 한 유형(5:5 가르마)**
　손질이 쉽고 부드러운 분위기를 내지만 얼굴이 길어 보이거나 노안으로 보인다면 추천하지 않는 스타일입니다.

∷ **이마에서 눈썹이 시작하는 지점(6:4 가르마)**
　가장 자연스러운 느낌을 줍니다.

∷ **눈썹 중간쯤에 낸 가르마(7:3 가르마)**
　깔끔하고 성숙한 분위기를 연출합니다.
　여성의 경우 얼굴이 강한 이미지를 가질 때 7:3 가르마를 타고 한쪽 머리를 넘기면 청순한 이미지를 줄 수 있습니다.

∷ **눈썹 끝자락에 위치한 가르마(2:8 가르마)**

포마드 스타일의 가르마 머리가 됩니다.

가장 정갈하고 클래식하며 남성적인 분위기를 낼 수 있습니다.

정치인이나 기업인 등 정장을 입는 업종에서 주로 스타일을 연출합니다.

가르마에 따라 사람의 이미지가 많이 바뀝니다. 나에게 잘 어울리는 가르마를 찾아 보시면 좋겠습니다.

TIP | 가르마 관리

- 한쪽 가르마만 고수하지 말고 이쪽저쪽 왔다 갔다 번갈아 가며 다양하게 연출하는 것도 좋을 것 같습니다.
- 똑같은 가르마만 하다 보면 그곳에 머리숱이 빠지니까 다양하게 연출해 보세요.

4

집에서도 할 수 있는 뷰티 솔루션

셀프 관리

셀프 염색의 노하우

요즘은 시간과 비용을 아끼기 위해 집에서 직접 염색을 하는 분들이 많습니다.

하지만 정확한 방법을 모른 채 혼자 시도하다 보면 머리카락 색이 얼룩덜룩해지기 쉽고, 오히려 전체적인 인상이 흐트러져 보이기도 합니다.

60대 남성 고객님도 그런 경우였습니다.

한 달에 한 번씩 커트를 하러 오시는데, 머리를 자를 때마다 염색이 고르지 않게 되어 있다는 점이 눈에 띄었습니다.

색이 부분마다 다르게 나타나니 커트 라인도 선명

하게 보이지 않고, 전체적으로 지저분해 보이는 인상을 주고 있었습니다.

고객님은 "혼자 염색하니 잘 안 되네요"라며 난감해하셨습니다.

저는 우선 왜 얼룩이 생기는지 설명해 드렸습니다. 약제를 균일하게 바르지 못하거나, 도포 시간에 차이가 생기면 색이 부분적으로만 진하게 들어가기 때문입니다.

특히 뒷머리나 옆머리처럼 눈에 잘 보이지 않는 곳은 놓치기 쉬워 더 얼룩이 심해지곤 합니다. 그래서 집에서 염색할 때 약제를 빗처럼 골고루 펴 바르는 방법, 앞뒤·위아래 순서대로 시간을 맞춰 바르는 요령 등을 구체적으로 알려 드렸습니다.

고객님은 "이제는 대충 바르지 않고 알려 주신 대로 해 봐야겠네요"라며 웃으셨습니다.

시술실을 나설 때는 조금 더 자신감 있는 표정으로 바뀌어 있었습니다.

따라서 집에서 염색을 할 경우에는 약제를 고르게 도포하는 방법과 순서를 익히는 것부터 시작하시길 권합니다.

여유가 된다면 중요한 날에는 전문가에게 시술을 맡기고, 평소에는 간단히 뿌리 염색만 직접 하는 식으로 병행하면 훨씬 깔끔한 결과를 얻을 수 있습니다.

:: **얼룩 없이 셀프 염색하는 방법**

1) 준비: **염색 전에는 샴푸를 하지 않는 것이 좋습니다.** 어깨 보호 천이나 비닐을 두르고 장갑을 착용합니다. 염색약을 혼합하여 준비합니다.

2) 목덜미 부분부터 염색약을 바르기 시작합니다. 열이 많이 발생하는 **정수리나 앞머리 부분은 마지막에 바릅니다.** (목덜미 부분은 열이 적은 부분은 색이 늦게 나오기 때문에 먼저 바릅니다. 정수리나 앞머리는 열이 많은 부분이어서 나중에, 마지막에 바릅니다.)

3) 핀셋을 꽂아 섹션을 나누어 가면서 염색을 합니다. 새치 커버는 위(앞머리)에서부터 해도 괜찮습니다. (기본으로 새치 커버는 다운되기 때문에 크게 얼룩질 일이 없습니다)

4) 비닐랩이나 비닐을 머리에 씌워 줍니다. 그 이유는 두피의 열로 색을 골고루 나게 해 주기

위함입니다.

5) 제품에 따라 기재된 시간만큼 방치합니다. 원하는 색상에 따라 시간을 조절할 수 있습니다.
6) 색을 확인한 후에 샴푸를 해 줍니다. 물이 맑아질 때까지 충분히 헹굽니다.
7) 트리트먼트를 꼭 사용하여 모발에 단백질을 채워 줍니다.
8) 미지근한 물이나 찬물로 잘 헹구어 줍니다.
9) 머리를 말리고 스타일링으로 마무리합니다.

TIP | 셀프 염색 방법

1) 셀프 염색 시 모발이 많이 손상될 수 있으니, 트리트먼트를 해서 영양을 채워 주는 것이 중요합니다.
2) **염색을 할 때는 빗질을 하지 않습니다.**
3) 첫 번째 바르고 두 번째 크로스체크 해서 못 발랐던 부분을 발라 줍니다.

새치 부분 염색 시(뿌리 염색) 두피 위주로 자라난 부분을 바를 때는 최대한 두피 부분만 발라 주어야 합니다. 염색된 부분을 다시 바르는 것은 모발이 손상될 수 있으니 정말 주의해야 합니다.

셀프 다운펌 따라하기

20대 남성 고객님이 두피와 모발 손상 문제로 찾아오셨습니다.

자세히 들어보니 다운펌을 자주 시도해 왔는데, 대부분 집에서 혼자 셀프로 진행했다고 했습니다. 하지만 정확한 방법을 알지 못한 채 약제를 그대로 바르다 보니 두피가 자극을 받고, 모발도 심하게 손상된 상태였습니다.

옆머리를 깔끔하게 정리하려던 의도는 좋았지만, 잘못된 시술 습관이 오히려 큰 문제를 만든 경우였습니다.

다운펌은 단순히 바르는 것처럼 보여도, 모발 상태와 약제의 양, 도포 부위와 시간 조절이 매우 중요합니다.

세심히 작업해야 하는데, 고객님은 이런 부분을 전혀 알지 못하고 무심코 바르셨던 겁니다.

그 결과 두피가 붉게 달아오르고, 모발은 탄력이 사라져 쉽게 끊어지는 상태가 되었습니다.

저는 먼저 손상된 두피와 모발을 확인해 드리며, 왜 이런 문제가 생겼는지 차근차근 설명했습니다.

그리고 앞으로는 반드시 전문가에게 시술을 받거

나, 최소한 정확한 사용법을 알고 진행해야 한다고 강조했습니다.

이어 두피 보호제와 영양제를 사용하는 방법, 다운펌을 할 때 지켜야 할 주의사항을 구체적으로 알려 드렸습니다.

고객님은 "아무 생각 없이 그냥 바른 게 문제였네요. 이렇게 자세히 알게 되니 앞으로는 조심해야겠어요"라며 고개를 끄덕이셨습니다.

이 사례는 작은 시술이라도 방법을 모르고 반복하면 두피와 모발 건강에 심각한 손상을 줄 수 있다는 점을 보여 줍니다.

다운펌을 자주 한다면 반드시 올바른 시술법을 익히거나 전문가에게 맡기는 것이 가장 안전한 방법입니다.

:: **다운펌 하는 방법**

다운펌 약은 시중에 많이 나와 인터넷으로 구매할 수 있습니다. 다이소에서도 구매할 수 있다고 합니다.

먼저 이마 끝부분에 머리카락을 핀셋으로 잡아 주어 약이 묻지 않도록 합니다.

1) 다운펌은 시술붓으로 약을 묻힌 후 구레나룻 부분 밑에서부터 차례로 천천히 올라옵니다. 밑에서부터 약을 뿌리 부분에 꼼꼼히 발라 주어야 합니다.

2) 밑에서부터 빗질을 한 후 집에 있는 비닐랩으로 돌려 가며 감아 준 후, 10분 정도 둡니다. 이때 중요한 것은 시간을 꼭 지켜야 한다는 것입니다.

3) 물로 깨끗이 씻어내고 트리트먼트나 린스로 마무리합니다.

4) 드라이기로 머리를 말린 후 스타일을 봅니다.

TIP | 셀프 다운펌 하는 방법

제조사에 따라 시간이 다를 수 있으니 시간을 꼭 잘 지키셔야 합니다.

두피에 남아 있는 약을 아주아주 깨끗이 헹궈 줘야 합니다.

시술을 자주 하다 보면 머리카락이 손상될 수 있으니, 시간과 나만의 주기(한 달에 한 번이 적합)를 잘 지키며, 모발 트리트먼트를 꼭 해 주어 모발과 두피를 보호해야 합니다.

셀프 앞머리 자르는 방법

요즘은 집에서 앞머리 정도는 혼자서 하는 경우가 많은데 집에서 앞머리 자르고 연결성이 떨어져서 미용실에 오는 경우가 많습니다.
예쁘게 앞머리 자르는 방법을 알려 드립니다.

나에게 맞는 스타일을 찾는 것도 좋은데 여러 가지를 한번 시도해 보는 것도 좋을 것 같습니다.

:: 셀프 앞머리 자르는 방법

<셀프 앞머리 자르기>

1) 이마 중앙에서 삼각형 모양으로 머리카락을 자르는 것이 처음이라면 삼각형의 크기를 작게 하여서 해 보고 조금 익숙해지면 앞머리의

양을 조금 많게 해도 됩니다.
2) 앞머리 자를 때 길이를 정하는 것이 가장 중요합니다.

내가 원하는 길이보다 2~3cm 정도 길게 자르는데 자르다 보면 내가 원하는 길이보다 짧아질 수 있으니 여유롭게 잘라야 합니다.
3) **머리카락을 들어서 자르지 말고, 내려서 떨어지는 방향을 보고 조금씩 잘라야 합니다.**
4) 다 자른 후 내려놓고 삐죽한 곳을 다시 손질합니다.
5) 옆머리를 연결해 줍니다.
6) 그루프나 롤을 감아 놓거나 드라이기 바람으로 바람을 주어 뿌리 부분을 살려 머리의 스타일을 꼭 보아야 합니다.

고데기를 사용하면 더 깔끔하게 정리할 수 있고 뿌리 부분을 살짝 들어 올리듯이 컬을 주고, 끝부분은 자연스럽게 흘러내리도록 연출하여 깔끔하게 마무리합니다.

한번 예쁜 앞머리에 도전해 보는 것도 바쁜 일상에 미용실 가는 시간을 줄일 수 있는 방법입니다. 도전해 보세요~

간혹 실수할 수 있으니 전문가와 상의 후 자르시기를 권합니다.

생활 습관이
머릿결을 바꾼다

두피 건강을 해치는 습관

　40대 남성 고객님이 머리카락을 자르기 위해 매장을 찾으셨습니다.
　그런데 시술 전 두피 상태를 살펴보니 붉은 뾰루지가 여러 곳에 올라와 있는 것이 눈에 띄었습니다.
　단순한 트러블이라고 넘기기에는 분포가 넓고 염증 반응이 뚜렷해 보였습니다.
　저는 곧바로 고객님께 생활 습관에 대해 하나씩 여쭤보았습니다.
　이야기를 나누면서 알게 된 것은, 고객님이 무심코 반복하는 행동들이 두피를 크게 해치고 있었다는 점입니다.

예를 들어, 머리를 감은 뒤 제대로 말리지 않고 습한 상태로 오래 두는 습관, 손톱으로 강하게 긁으며 샴푸하는 습관, 기름진 음식을 자주 먹는 생활 패턴 등이 겹치면서 두피를 자극하고 있었습니다. 이러한 습관들은 단순히 트러블을 만드는 데 그치지 않고, 장기적으로는 모낭을 약화시켜 탈모로 이어질 위험이 큽니다.

저는 고객님께 두피는 피부의 연장선이자 모발 건강의 기초라는 점을 강조했습니다.

두피를 청결히 유지하되, 자극적이지 않은 샴푸를 사용하고 반드시 드라이기로 잘 말려 주는 것만으로도 상태가 크게 개선될 수 있습니다.

또한 생활 속에서 작은 습관을 바꾸는 것이 장기적으로 탈모를 예방하는 첫걸음임을 설명드렸습니다.

고객님은 자신의 습관이 문제였다는 사실을 이해하며, 앞으로는 주의 깊게 관리하겠다고 하셨습니다.

이 사례는 두피 문제와 탈모가 단순히 특별한 질환에서만 비롯되는 것이 아니라, 생활 속 사소한 습관에서도 시작될 수 있음을 알려 줍니다.

따라서 비슷한 고민이 있다면 우선 머리를 감는

방법과 말리는 습관부터 점검해 보시길 권합니다.
두피를 청결히 하면서도 과한 자극을 피하는 관리만으로도 탈모 위험을 크게 줄일 수 있습니다.

:: **잘못된 샴푸 습관**

머리숱에 맞지 않은 많은 양의 샴푸를 사용하면 두피에 잔여물이 남거나 자극을 줄 수 있습니다. 과도한 양의 샴푸 사용을 삼가야 합니다.
뜨거운 물은 두피를 건조하게 만들고 유분 밸런스를 깨뜨릴 수 있어 **뜨거운 물로 샴푸 하지 않아야 합니다.**
머리를 감을 때 손톱으로 두피를 강하게 긁으면 두피에 상처가 나거나 염증을 유발할 수 있습니다

:: **잘못된 건조 습관**

수건으로 세게 털거나 비벼 닦으면 모발에 손상을 주고 두피를 자극합니다.
드라이기의 뜨거운 바람은 두피를 건조하게 하고 모근을 약하게 만듭니다.

:: **생활 습관 및 식습관**

충분한 수분 섭취가 부족하거나 영양 불균형이 심하면 신진대사가 원활하지 못해 두피 건강에 악영

향을 미칠 수 있습니다.

과도한 스트레스는 두피 건강에 좋지 않은 영향을 줄 수 있습니다.

스트레스와 머리카락

30대 초반 남성 고객님이 머리를 자르러 오셨습니다.

시술 전 두피를 살펴보니 중간중간에 원형 탈모가 보였습니다. 탈모가 시작된 부위를 감추기 위해 스타일링을 시도했지만 점점 가려지지 않게 되면서 고민이 깊어지고 있었습니다.

언제부터 이런 증상이 나타났는지 여쭤보니, 직장에서 큰 스트레스를 받으면서 머리카락이 빠지기 시작했다고 하셨습니다.

처음에는 탈모 부위를 최대한 가릴 수 있도록 머리를 다듬어 드렸지만, 증상이 점점 심해지자 고객님은 결국 머리를 짧게 밀기로 결심하셨습니다.

약 9mm 정도의 반삭 스타일로 정리했는데, 깔끔하게 정돈된 모습이긴 했지만 두피의 빈 부분은 여전히 눈에 띄어 마음이 무거워 보였습니다.

이후 고객님은 "머리 모양으로는 해결이 안 되네

요"라며 씁쓸한 미소를 지으셨습니다.

얼마 지나지 않아 다시 찾아오셨을 때, 그는 직장을 그만두었다고 털어놓았습니다.

그 결정이 쉽지 않았음을 알 수 있었지만, 놀랍게도 그 후로 서서히 원형 탈모 자리가 채워지기 시작했습니다.

이전보다 두피가 안정돼 보였고, 모발이 조금씩 다시 자라는 모습이 확인되었습니다.

고객님은 "스트레스에서 벗어나니 머리도 다시 살아나는 것 같아요"라며 안도하셨습니다.

이 사례는 탈모가 단순히 외형적인 문제가 아니라, **심리적·정신적 요인과도 깊이 연결**되어 있다는 점을 보여 줍니다.

따라서 원형 탈모가 생겼을 때는 헤어스타일로 가리는 것에만 의존하지 말고, 스트레스 원인을 점검하고 생활 환경을 조정하는 것이 먼저입니다.

마음의 짐을 덜어내는 것이야말로 탈모 관리의 출발점이 될 수 있습니다.

∷ **스트레스와 탈모의 관계**

스트레스와 탈모는 매우 밀접한 관련이 있습니다.

많은 사람들이 스트레스를 받는 시기나 큰 심리적 충격을 경험한 이후에 갑자기 머리카락이 빠지기 시작했다고 말합니다.

이는 단순한 우연이 아니라, 실제로 스트레스가 모발의 생리적 성장 주기를 방해하고, 탈모를 유발하거나 악화시킬 수 있는 과학적 근거가 있는 현상입니다.

스트레스를 받으면 우리 몸은 코르티솔(Cortisol)이라는 스트레스 호르몬을 과도하게 분비합니다.

이 호르몬이 지속적으로 높게 유지되면, 신체의 다른 호르몬 균형에도 영향을 미쳐 모발 성장에 필요한 호르몬들의 작용이 저해됩니다.

특히 남성의 경우 스트레스로 인해 DHT(디하이드로테스토스테론)의 생성이 촉진되면, 이는 모낭을 위축시키고 모발을 가늘게 만들어 결국 안드로겐성 탈모(남성형 탈모)로 이어질 수 있습니다.

스트레스는 교감신경을 과도하게 활성화시켜 몸을 긴장 상태로 만듭니다.

이로 인해 말초 혈관이 수축되며, 두피까지의 혈류 공급이 감소하게 됩니다. 모낭은 혈액으로부터 산소와 영양분을 공급받아 모발을 성장시키는데, 혈류가 줄어들면 모발에 필요한 성분이 도달하지 못해 모발 성장이 느려지거나 멈추고, 결국 탈모로 이어질 수 있습니다.

만성적인 스트레스는 면역체계에도 이상을 초래합니다.

자가면역 반응이 잘못 활성화되면, 몸이 자신의 모낭을 적으로 인식하여 공격하는 원형 탈모증(alopecia areata)을 유발할 수 있습니다.

이는 동전 모양으로 머리카락이 빠지는 자가면역성 질환이며, 급격한 스트레스와 직접적인 연관이 있는 것으로 알려져 있습니다.

스트레스는 식욕, 수면, 운동 습관 등 다양한 생활 패턴에도 영향을 미칩니다.

예를 들어, 수면 부족은 모발 성장에 필요한 성장호르몬 분비를 방해하고, 폭식, 편식, 영양소 결핍은 모발에 필요한 단백질·비타민·무기질 공급을 차단하며, 흡연, 음주 증가도 혈관 수축과 영양 흡수 저하로 이어져 탈모를 유발할 수 있습니다.

긴장성 두통은 스트레스로 인해 두피 근육이 지속적으로 수축하면서 머리가 지끈거리기도 합니다.

이처럼 스트레스로 인해 직접적인 생리적 변화뿐 아니라 간접적인 생활 습관 변화도 탈모의 원인이 됩니다.

> **TIP** │ 스트레스와 머리
>
> - 스트레스의 원인을 제거하여 탈모를 회복시킵니다.
> - 머리를 감을 때 두피를 꾹꾹 눌러 주거나 자연 바람이나 드라이기의 찬 바람으로 말리는 등 두피 마사지와 함께 건강한 생활 습관을 유지합니다.

펌, 염색 후 생활 속 관리

고객님들이 시술 후 자주 던지는 질문 중 하나가 있습니다.

"원장님, 펌 한 지 얼마 안 된 것 같은데 왜 이렇게 빨리 풀릴까요?"

"파마 손질법을 잘 몰라서 그런 걸까요?"

펌은 시술 직후에는 탄력 있고 예쁜 컬이 나오지만, 관리 방법을 제대로 알지 못하면 생각보다 빨리 풀리거나 모양이 흐트러지기 쉽습니다.

특히 샴푸를 하는 습관, 머리를 말리는 방식, 드라이기나 고데기 사용법 등에 따라 컬의 지속력이 크게 달라집니다.

예를 들어, **펌 직후 너무 뜨거운 물로 머리를 자**

주 감거나, 머리를 말리지 않고 습한 상태로 오래 두면 컬이 금세 처지고 힘을 잃습니다.

또 빗질을 과하게 하거나, 고온의 열기구를 자주 사용하면 모발 구조가 손상돼 펌이 오래 가지 못합니다.

반대로, 펌 전용 샴푸와 트리트먼트를 사용하고, 젖은 머리는 반드시 드라이기로 뿌리부터 잘 말려 주면 컬의 유지력이 훨씬 좋아집니다.

저는 늘 고객님들께 펌은 단순히 미용실에서 완성되는 것이 아니라, **집에서 어떻게 관리하느냐**에 따라 만족도가 달라진다고 설명합니다.

올바른 손질법만 익혀도 컬이 오래 살아 있고, 스타일링 시간도 줄어들어 훨씬 편리합니다.

따라서 펌을 오래 유지하고 싶다면 시술 후 첫 2~3일간은 머리를 묶거나 심하게 비비지 않고, 두피부터 충분히 말리는 습관을 들이는 것이 중요합니다. 작은 관리 차이가 펌의 수명을 좌우한다는 점을 기억해 두시면 좋습니다.

∷ **펌을 오래가게 하는 방법**
- 펌 시술 후 당일에는 절대 샴푸를 사용하지

않습니다.

펌을 할 때 사용하는 약제가 머리카락 속에 완벽하게 흡수되려면 적어도 48시간 정도는 지나야 합니다.

또한 시술에 활용되는 중화제는 기본적으로 산성 성분을 띄고 있고 샴푸의 알칼리성과 접촉하게 되면 탄탄했던 컬이 약화될 수 있습니다.

- 파마 오래 가는 법 중 머리를 건조시키는 것이 중요합니다.

평상시에는 머리를 감고 나서 자연스럽게 수건으로 비비듯이 털어내는 경우가 많은데 이렇게 머리를 말리게 되면 머리카락들끼리 서로 엉키기 쉽고 예쁘게 말렸던 컬이 풀릴 가능성이 높아지기 때문에 **비비듯이 말리는 것은 절대 금물입니다.**

촉촉하게 젖어 있을 때 물기를 수건에 흡수시켜 준다는 느낌으로 사용해야 합니다.

- 펌 전용 제품을 사용하면 펌이 오래 유지됩니다.

일반적인 상품들은 알칼리성을 띄고 있어 펌 전용 샴푸(약산성 제품)를 사용하는 것이 좋습니다.

- 샴푸 시에는 차가운 물이나 미지근한 물로 감아야 합니다.
뜨거운 물로 감게 되면 두피와 머리카락이 자극받으며 모발 속 파마약 성분이 녹기 때문입니다.
- 파마 후 빗질을 하게 되면 당기는 힘에 의해 컬의 탄력 저하로 파마가 빨리 풀릴 수 있습니다.
- 머리를 말리고 나서 스타일링이나 생활의 편리를 위해 머리카락을 질끈 묶는 경우가 있는데 너무 과다한 힘을 주어 바짝 당겨 묶게 되면 컬 방향이 인위적으로 틀어질 수 있기 때문에 느슨하게 묶어 주는 것이 중요합니다.
가장 좋은 방법은 머리를 묶지 않는 것입니다.
- 샴푸 후 트리트먼트는 1주일 후부터 사용합니다. 트리트먼트는 윤기와 수분감을 더하기 때문에 컬을 쉽게 늘어지게 하는 역할이 있습니다.

> **TIP** │ 컬을 유지하는 방법
>
> - 머리를 말릴 때 드라이기의 뜨거운 바람으로 오랫동안 말리면 컬이 변형되므로 뜨거운 바람과 찬 바람을 번갈아 가면서 사용해 주는 것이 좋습니다.
> 머릿결이 푸석해지는 것을 방지할 수 있습니다.
> - 파마 유지 기간은 보통 3~6개월인데 관리를 잘하면 잘 할수록 유지 기간이 길어질 수 있습니다.
> - 관리를 잘하지 못해서 파마가 풀려 다시 파마를 하게 되는 일이 없도록 해야 합니다.

염색을 오래 유지하는 방법

- 염색 전용으로 나오는 산성 샴푸를 써서 물빠짐이 별로 생기지 않게 사용합니다.
- 트리트먼트도 주기적으로 해 주어야 물빠짐이 덜합니다.
- 머리를 말릴 때는 찬 바람으로 하여 머리카락의 건조함을 덜게 해 줍니다.

5

Q&A

Q1

미용실 가기 전에 머리를 감고 가야 할까요?

어떤 시술을 받느냐에 따라 다릅니다.
커트(cut)는 미용실 가기 전에 **머리를 감고 가는 것이 좋습니다.**
이유는 유분기와 땀이 남아 있으면 머리카락 방향(머리카락의 뿌리가 눌려 있어 머리 형태를 잘 볼 수 없습니다.) 등을 확인하기가 힘들어집니다.
그래서 머리카락을 자르러 가면 디자이너들이 분무기로 물을 뿌려 가며 커트를 하는데 이 행동이 눌려 있는 뿌리를 세워서 모류의 방향을 잘 확인하기 위해서입니다.
모발에 스타일링 제품을 발랐거나 샴푸를 한 후 하루 이상이면 꼭 머리를 감고 가는 것이 좋습니다.

파마를 하러 갈 때도 **머리를 감고 가는 것이 좋습니다.**
머리를 감고 모발의 상태를 체크하고, 손상도를 확인한 후에 시술이 들어가야 하는데 오일이나 각종 헤어 제품들이 머리에 발라져 있을 경우에는 시술을 방해하기 때문에 머리를 감고 펌이나 매직을 하게 됩니다.

샴푸만 하고 오시면 됩니다.

염색(탈색 포함)을 하러 갈 때는 **머리를 감고 가지 않아도 됩니다.** 심지어 2~3일 동안도 감지 않았어도 괜찮습니다.

염색은 탈색 포함해서 두피에 자극이 갈 수밖에 없는 시술이기 때문에 염색 알러지가 발생할 수 있고 따가울 수 있는데, 나의 유분이 두피를 코팅해 주기 때문에 머리를 감지 않고 가는 것이 두피를 보호할 수 있습니다.

서로 세심한 확인으로 나의 머리카락과 두피를 지키는 방법입니다.

Q2

샴푸에도 유통 기한이 있다?

샴푸에도 유통 기한이 있습니다.
보통 샴푸는 유통 기한을 '제조일자로부터 36개월' 이런 식으로 후면에 표기해 둡니다. 어떤 샴푸나 수제 샴푸는 유통 기한 없이 제조일자만 나와 있는데 이런 샴푸는 개봉 후 6개월, 늦어도 12개월 이내로 사용하는 것을 추천하며, 미개봉 상태라도 천연 샴푸는 2년, 일반 샴푸는 3년 이내로 사용하는 것이 좋습니다.
유통 기한은 소비자에게 판매가 허용되는 기한이지만 샴푸는 온도와 습도 변화가 심한 화장실에 두기에 적어도 그 전까지 사용해야 한다고 생각합니다.
아깝다고 유통 기한을 무시하고 사용한다면 두피 질환(가려움이나 뾰루지 등)부터 시작해서 탈모까지 올 수 있으니 기간을 꼭 지키는 것이 좋습니다.

Q3

일반펌과 셋팅펌의 차이는?

일반펌의 특징은 뿌리의 볼륨을 살려 준다는 것입니다. 숱이 적은 모발도 풍성하게 만들어 줍니다.
모발이 얇고 웨이브 느낌이 자연스럽길 원한다면 열펌을 고려할 수 있지만, 너무 가는 머리카락은 권장하지 않습니다.
유지력은 상대적으로 짧습니다(2~3개월).
일반펌은 수분감이 부족할 경우 부스스하게 보일 수 있으나 관리할 때 수분 에센스나 컬링 에센스로 촉촉함을 유지합니다.
가격대는 상대적으로 낮습니다.

셋팅펌은 자연스럽고 부드러운 웨이브를 만들어 주는데 열을 이용하여 컬을 형성하는 방식이며 일반펌보다는 시간이 더 많이 걸리며 S컬이든 C컬이든 컬이 탄력 있고 힘이 좋습니다. 그리고 일반펌에 비해 오래 유지됩니다(3~6개월 정도).
가격대는 상대적으로 높습니다.
두껍고 힘이 좋은 모발에 많이 하지만 모발이 얇은

고객도 해도 괜찮습니다.
두피까지 말 수 없어 두피의 볼륨을 살릴 수 없지만 모발의 컬 탄력도는 너무 좋습니다.

펌 시술은 단순히 약을 바르고 컬을 말아 주는 작업이 아닙니다.
모발 상태, 손상도, 원하는 컬 방향 등에 따라 적합한 펌 종류와 약의 선택이 달라집니다.
꼭 전문가와 충분히 상담 후 결정해야 합니다.

Q4

셋팅펌과 디지털펌의 차이는?

셋팅펌은 높은 열을 사용하여 시술 시간이 짧고, 강한 컬과 웨이브는 유지력이 오래가고 C컬 웨이브와 굵은 S컬을 웨이브 형성에 유리합니다.
높은 열을 사용하여 모발에 심한 손상이 있을 수 있고 짧은 머리 길이는 시술이 힘듭니다.

디지털펌은 셋팅펌보다는 좀 더 다양한 롯드의 종류가 있어 디테일하고 섬세한 작업입니다.
다양한 모발에 다양한 컬을 만들 수 있습니다.
짧은 모발에도 시술이 가능합니다. 셋팅펌보다는 열에 약하여 모발 손상도가 적고, 두피 가까이 말 수 있어 볼륨감을 더 살릴 수 있습니다.

이 시술들도 모발의 상태, 굵기, 디자인에 따라 꼭 전문가와 충분한 상담 후 시술을 해야 합니다.
열 파마 후는 항상 모발 관리를 신경 써야 합니다.

Q5

얇은 머리카락, 알아 두어야 할 손질법은?

얇은 머리카락은 두꺼워지기 어렵지만 더 얇아지지 않도록 관리를 하는 것이 중요합니다.

∷ **볼륨 살리기**

뿌리펌이나 펌을 통해 볼륨을 더 오래 유지할 수 있습니다.

젖은 머리를 말릴 때 찬 바람으로 두피 쪽부터 말려 볼륨을 살려 주며, 드라이기로 머리를 말릴 때 뒤에서 앞으로 바람을 주면서 말려 볼륨을 살려 줍니다.

머리카락을 자주 다듬어 줍니다.

∷ **두피 관리**

두피를 청결하게 유지하고, 주기적으로 두피 스케일링을 받는 것이 좋습니다.

지나치게 기름진 음식은 피하고, 균형 잡힌 식단으로 두피 건강을 관리해야 합니다.

충분한 수면을 취하고 규칙적인 운동을 하는 것이 좋습니다.

:: 샴푸 및 빗질

머리는 저녁에 샴푸로 감는 것이 좋고, 아침에는 물로만 헹구는 것이 좋습니다.

무실리콘 성분의 샴푸나 린스를 사용합니다.

샴푸나 린스, 트리트먼트 등에 포함된 성분 중 실리콘이 들어 있기도 하는데 요즘은 무실리콘 제품도 많습니다.

실리콘은 코팅막이 생기면서 촉감을 좋게 만드는데 주로 린스에 포함되어 있는 편이며 단점은 표면 부분이 뜯길 수 있습니다.

실리콘이 계속 코팅되어 남아 있기보다는 부분부분 탈락이 되는데 탈락될 때 털 표면이 같이 탈락되는 상황이 생길 수 있습니다.

그래서 촉감이나 예방 등을 위해서 사용하는 것은 좋지만 실리콘 제품이 자칫 모발을 얇아지게 만들 수 있기 때문에 무실리콘 제품을 사용하여야 합니다.

젖은 모발은 더 쉽게 늘어나기 때문에 빗질을 하면 안 됩니다.

쉽게 늘어나는 탄성을 잃을뿐더러 더 얇아지는 상황이 생길 수 있기 때문에 빗질을 할 때에는 샴푸 후 물기가 완전히 다 마른 상태에서 굵은 빗을 사용하는 것이 좋습니다.

:: 두피 청결

모공이 막히면 막힐수록 자라는 두께는 당연히 얇아집니다.

눈으로 두피 상태를 직접 볼 수 없기 때문에 막히는지 직접 와닿지는 않지만 기름, 린스, 스프레이, 왁스, 헤어팩 등이 두피에 닿지 않게 발라야 합니다.

더 얇아지지 않도록 얼굴만큼이나 신경 써서 두피를 깨끗하게 해야 합니다.

Q6

파마나 염색 후 탈모가 되는 것이 맞나요?

파마나 염색 후 탈모 증상이 나타날 수 있지만, 이는 탈모라기보다는 모발 손상으로 인한 일시적인 현상일 가능성이 높습니다.

펌이나 염색 과정에서 사용되는 화학 성분이 모발을 약하게 만들고 이로 인해 머리카락이 평소보다 잘 부러지거나 끊어져서 탈모처럼 보일 수 있습니다.

하지만 이러한 현상은 영구적인 탈모로 이어지는 경우는 드물며, 적절한 모발 관리와 손상된 모발을 회복시키는 케어를 통해 개선될 수 있습니다.

펌이나 염색 과정에서 모발의 큐티클이 손상되거나 약해져서 머리카락이 부러지기 쉽습니다.

특히 반복적인 시술은 모발 손상을 누적시켜 탈모처럼 보이게 할 수 있으며 실제로도 모근에서 빠지는 탈모가 아닐 가능성이 높은데 대부분의 경우는 손상된 모발이 끊어지는 현상입니다.

펌이나 염색 과정에서 사용되는 화학 성분이 두피 자극을 주어 지루성 두피염이나 모낭염을 유발할 수 있는데 염증은 모발 건강을 악화시켜 탈모를 유발할 수 있습니다.

파마나 염색 후에는 모발과 두피를 건강하게 유지하기 위한 관리가 중요하며 손상된 모발을 보호하고, 두피의 염증을 예방하며, 영양을 공급하는 것이 필요합니다.

Q7

파마나 염색 후 탈모 예방 및 관리

잦은 파마나 염색은 피하고, 손상된 모발을 위한 트리트먼트나 헤어팩 등을 사용하여 모발을 보호해야 하며 펌이나 염색 시 두피에 제품이 닿지 않도록 주의하고, 두피 자극을 줄이는 제품을 사용해야 합니다.
충분한 수분 섭취는 건강한 모발을 성장에 큰 도움을 줍니다.
적절한 관리와 치료를 통해 개선될 수 있습니다.

Q8

머리를 자르는 주기는 언제가 좋을까요?

머리를 자르는 주기는 나의 라이프 스타일과 모질에 따라 다른데 일반적인 주기는 3~8주 간격으로 다듬는 것이 좋습니다.
특히 짧은 머리나 스타일을 유지해야 하는 경우에는 더 자주 자르기도 합니다.

:: 머리 자르는 시기
- 3~4주: 짧은 머리나 스타일을 유지해야 하는 경우, 특히 남자들
- 4~6주: 일반적인 길이의 머리, 남녀 모두
- 6~8주: 머리카락이 많이 자라는 경우, 긴 머리인 경우
- 8~12주: 곱슬머리 또는 웨이브 머리의 경우, 길게 유지하고 싶을 때

머리 성장 속도는 개인마다 다르고 자신에게 맞는 주기를 찾는 것이 중요합니다.
스타일을 유지하기 위해서는 더 짧은 주기로 잘라 주

는 것이 좋습니다.
머리카락이 손상되었을 경우에도 주기적으로 다듬어 주어야 합니다.

Q9

숱이 많고 두꺼운 곱슬 모발 파마는 어떻게?

두꺼운 곱슬 모발에 파마를 할 때는 굵은 웨이브나 매직셋팅, 볼륨매직을 추천하는데 곱슬머리는 부스스해지기 쉬우므로 차분하면서도 자연스러운 웨이브를 연출하는 것이 중요합니다.
두꺼운 곱슬의 정도와 방향에 따라 파마 종류와 디자인을 선택해야 합니다.
자연스러운 웨이브, 컬이 강한 스타일 등 원하는 스타일을 명확하게 해야 합니다.
파마 시술 전후로 모발 관리에 신경 써야 합니다.

∷ **단발머리에 추천하는 스타일**

C컬펌은 단정하고 깔끔한 느낌을 주며, 곱슬기를 자연스럽게 정돈해 줍니다.
CS컬펌은 C컬과 S컬을 믹스하여 발랄하고 귀여운 느낌을 연출하며
보브 단발은 층을 내어 볼륨감을 살리고, 곱슬의 자연스러운 흐름을 강조합니다.
매직셋팅은 곱슬 정도에 따라 매직으로 차분하게 펴

거나 셋팅으로 컬을 넣어 다양한 스타일을 연출할 수 있습니다.

:: 긴 머리에 추천하는 스타일
볼륨매직은 곱슬을 차분하게 펴면서도 볼륨감을 살려 세련된 스타일을 연출합니다.
S컬펌은 자연스러운 웨이브로 여성스럽고 우아한 분위기를 연출합니다.
레이어드컷은 층을 내어 가볍고 산뜻한 느낌을 주며, 곱슬의 자연스러운 흐름을 살립니다.
히피펌은 풍성하고 발랄한 컬로 개성 있는 스타일을 완성합니다.
스타일링 제품은 컬링 에센스나 에센스를 사용하여 모발을 보호하고 컬을 유지합니다.

드라이기로 말릴 때는 **뜨거운 바람과 찬 바람을 교대해 가면서 말립니다.**
열파마로 인한 모발 손상이 있으므로 제일 중요한 것은 집에서 홈 케어로 모발에 수분과 영양을 공급하여 모발을 윤기 있게 관리해야 합니다.

전문가의 도움을 받아 정기적인 클리닉을 받는 것이 좋

습니다.

펌을 할 때에는 전문가와 상담 후 나에게 맞는 모발 관리와 스타일을 찾는 것이 중요합니다.

Q10

곱슬머리는 매직밖에 답이 없다고?
곱슬머리를 자연스럽게 손질하는 방법은?

곱슬머리인 분들은 잦은 매직으로 인하여 머리의 손상이 점점 심해지는데 그냥 있는 그대로의 나로 머리를 손질하는 것도 좋은 방법입니다.

곱슬머리인 경우는 쭉 뻗는 매직을 선호하는 것은 아니고 자연스러운 웨이브를 선호하는데 매직을 하다 보면 점점 더 머리가 가늘어지고, 머리카락이 많이 손상됩니다. 그냥 나의 머리를 인정하고 받아들여 **자신감 있는 나의 스타일을 만들어 봅시다.**

∷ 곱슬머리 손질법

1) 바람으로 말리지 말고, 두피만 말리고 그냥 자연 건조합니다.
   수건으로 말릴 때도 흐트리지 말고, 수건으로 꼭꼭 눌러 주듯이 말립니다.
2) 머리를 말린 상태에서 빗지 말아야 합니다.
   머리카락이 건조하여 더 부스스해집니다.
3) 모발에 유수분을 보충하는 제품을 사용하여

모발의 그대로를 유지해야 합니다.
4) 모발 스타일링은 모발이 젖은 상태에서 유수분을 충분히 보충해 주어 용수철을 들어 올리는 느낌으로 주먹으로 쥐었다 폈다 해 줍니다.

곱슬머리가 붕 뜨는 이유는 기본적으로 머리를 빗어서 컬 패턴이 망가졌거나 유분이 부족해서 머리가 컬 패턴끼리 잘 뭉쳐지지 않아서인데, 린스 또는 트리트먼트 하면서 손가락으로 살살 빗어 주면 됩니다.

Q11

곱슬머리 제품에는 어떤 종류가 있는가?

보습 용도에는 헤어로션, 크림 등이 있고, C컬 정도의 곱슬은 헤어로션을 사용하고 크림은 더 곱슬거리는 사람에게 사용합니다.

린스나 트리트먼트를 하지 않았을 경우에 물기 있는 상태에서 리브인 컨디셔너(씻어내지 않는 컨디셔너)를 많이 발라 주면 모발의 유분을 채워 주어 모발이 차분해집니다.

트리트먼트는 모발의 단백질과 유분을 채워 주는데 샴푸 후 헹구고 바른 후 5분에서 10분 둔 후 미지근한 물로 헹구어 줍니다.

곱슬머리는 건조하기 때문에 보습과 유분을 잘 보충해 주어야 하고, 또 너무 모발만 신경 쓰다가 유분이 두피를 막으면 두피 트러블, 비듬이 생길 수 있으니 정기적인 두피 클리닉과 모발 클리닉을 하여 나만의 최대치의 아름다움을 찾아 보세요.

Q12

샤워를 할 때 머리카락은 몇 개가 빠지나요?

머리를 감을 때 머리카락이 빠지는 것은 자연스러운 현상입니다.

일반적으로 하루에 50~100개 정도의 머리카락이 빠지는데, 머리를 감을 때 빠지는 머리카락은 평소에 빠질 머리카락이 모여서 한꺼번에 빠지는 것일 뿐입니다.

머리를 감는 횟수가 탈모를 유발하거나 악화시키지는 않습니다.

오히려 두피 청결을 위해 규칙적으로 머리를 감는 것이 탈모 예방에 도움이 될 수 있습니다.

샤워 후 머리를 말릴 때 7~8가닥 정도의 머리카락이 빠지는 것은 일반적으로 정상 범위에 속합니다.

머리카락은 성장 주기(성장기, 퇴행기, 휴지기)를 거치며 빠지고 다시 자랍니다.

휴지기에 접어든 머리카락은 자연스럽게 빠지게 되며, 머리를 감을 때 특히 많이 빠지는 것처럼 느껴질 수 있습니다.

환절기에 머리 빠지는 이유는?

고온다습하고 자외선이 강하게 내리쬐는 여름을 지나 쌀쌀한 가을이 되어 머리카락이 많이 빠지는 건 일정 부분 어쩔 수 없는 현상입니다.

여름철 환경으로 인해 두피와 모발 손상이 이뤄지다가 가을철이 되면 건조한 공기와 강력한 바람, 일조량 감소 등 외부 환경 변화로 탈모 환자가 늘어난다고 합니다.

Q14

두피 청결의 중요성

머리를 감지 않으면 두피에 쌓인 노폐물과 피지가 모공을 막아 염증을 유발하고, 탈모를 악화시킬 수 있습니다.

사람에 따라 약간의 차이는 있지만 대체로 하루에 약 0.3~0.4mm, 한 달에 약 1~1.5cm가량 자란다고 합니다. 즉 1년에 약 12~18cm 정도 자랍니다.
머리카락은 아침이 되면 자라기 시작해 오전 10시에서 11시 사이에 가장 빠른 속도로 자라며, 밤이 되면 거의 자라지 않습니다.

Q15

머리카락 굵어지는 데 도움이 되는 음식은?

머리카락 굵어지는 데 도움이 되는 음식으로는 단백질, 비타민, 미네랄, 오메가3 지방산 등이 풍부한 식품이 있습니다.

단백질 식품에는 달걀, 닭가슴살, 콩류, 두부, 견과류 등이 있으며 비타민B군 식품에는 달걀, 녹색 채소, 견과류 등이 있으며 달걀은 단백질, 바이오틴, 아연, 셀레늄, 비타민D 등 모발 건강에 꼭 필수적인 영양소가 풍부합니다.

특히 바이오틴이 부족하면 탈모가 쉽게 유발될 수 있습니다. 달걀의 고품질 단백질은 케라틴 생성을 도와 모발을 탄탄하게 만들어 줍니다.

달걀 노른자에 있는 펩타이드는 모낭 세포의 성장을 자극해 모낭 세포의 성장을 자극해 모발이 굵어지는 데 도움이 됩니다.

하루에 3~5개 정도 익혀 먹는 것이 가장 효과적이라고 합니다.

미네랄 식품은 시금치, 해조류, 견과류 등이 있습니다. 시금치는 철분, 비타민C, 엽산, 마그네슘, 바이오틴이 골고루 들어 있는 두피 건강에 좋은 음식입니다. 특히 철분은 산소를 모낭까지 운반해 모발 성장에 도움을 주고, 비타민C는 콜라겐 합성과 항산화 작용으로 탈모 예방에 도움을 줍니다.

나물, 스무디, 샐러드 등으로 만들어 섭취합니다.

호두, 아몬드, 캐슈넛 등 견과류는 비타민E, 오메가3, 아연이 풍부해 두피의 혈류 개선과 항산화 효과를 동시에 기대할 수 있습니다.

꾸준히 섭취하면 산화 스트레스를 줄이고 머릿결 개선에 도움을 줄 수 있습니다. 가공되지 않은 견과류를 하루 한 줌 정도 섭취합니다.

오메가3 지방산 식품에는 연어, 고등어, 아마씨, 호두 등이 있고, 오메가3 지방산은 두피의 혈류를 개선하고, 염증을 줄여 두피 염증을 완화하는 데 효과적입니다.

특히 연어에 함유된 비타민D는 모낭 세포의 성장과 분화에 꼭 필요한 영양소입니다.

비타민D가 부족하면 탈모가 악화되고 모발 성장 속도도 느려질 수 있습니다.

연어의 콜라겐 펩타이드는 모발의 밀도와 굵기 향상에 도움이 됩니다.

감귤류 과일은 철분 흡수를 돕는 비타민C를 보충합

니다.

오렌지, 자몽 등 감귤류 과일은 비타민C가 풍부해 철분 흡수를 도와주고, 모낭 건강을 지켜 주며 탈모 예방, 콜라겐 합성에 꼭 필요한 영양소라서 모발이 굵어지는 방법을 실천하는 데에도 필수적입니다.

하루에 1.5~2리터의 물을 꾸준히 마시면 두피와 모발에 수분이 공급돼 부드럽고 윤기 있는 머릿결을 유지하는 데 도움이 됩니다.

기타 음식으로는 녹차, 검은콩, 검은깨 등이 있습니다. 신진대사를 원활하게 하고 노폐물 배출에 도움을 주어 두피 건강에 좋고, 혈액순환을 촉진하여 모발 성장에 도움을 줄 수 있습니다.

반복되지만 스트레스 관리가 또한 중요합니다. 그리고 특정 음식에만 집중하기보다 다양한 영양소를 골고루 섭취하는 **건강한 식습관이 필요합니다.**

Q16

미용실에서 머리를 잘 자르려면?

미용실에서 머리를 잘 자르려면, 원하는 스타일을 명확히 설명하고, 디자이너와 충분히 소통하여, 컷 과정에서 궁금한 점은 질문하는 것이 좋습니다.

∷ **원하는 스타일을 명확히 설명하기**

말로만 설명하다 보면 오해가 생길 수 있으므로, **사진이나 그림을 보여 주면서 원하는 스타일을 구체적으로 설명하는 것이 좋습니다.**

머리 길이, 질감, 앞머리 유무, 층 정도, 볼륨감 등을 자세히 설명합니다.

평소 손질 방법과 자주 하는 스타일링도 함께 이야기하면 좋습니다.

당연한 이야기이지만 디자이너와 충분히 소통을 해야 합니다.

디자이너에게 머리숱, 모발 상태, 얼굴형 등을 고려하여 어울리는 스타일을 추천해 달라고 요청하는 것도 필요합니다.

많은 경험을 바탕으로 고객에게 만족할 만한 스타일을 추천해 줄 것입니다.
컷 과정에서도 궁금한 점은 언제든지 질문하고, 필요한 경우 스타일 변화를 제안받아야 합니다.
컷 중간중간 경과를 확인하고, 원하는 스타일링에 맞춰 수정할 부분을 이야기합니다.

미리 디자이너의 전문성을 확인해 봅니다. 미용실의 경력과 전문성을 확인하고, 후기나 포트폴리오를 참고합니다. 디자이너의 전문 분야나 전문 자격증을 확인하는 것도 좋습니다.

컷 후 스타일링 방법을 자세히 물어봅니다.
집에서 손질할 수 있도록 컷 후 스타일링 방법을 자세히 알아봅니다.
사용하는 제품, 드라이 방법, 고데기 사용법 등을 자세히 배웁니다.

원하는 스타일을 자신감 있게 표현하고, 디자이너에게 적극적으로 의견을 전달하고, 꼼꼼하게 머리카락을 잘라 주는 미용실을 선택하는 것도 중요합니다.
주변 사람들에게 추천을 받거나 인터넷 후기를 참고

하는 것도 좋은 방법입니다.

에필로그

머리카락에 담긴
나의 이야기

　수많은 머리카락을 통해 여러분의 인생 이야기를 들어 온 지난 20년이 저에게는 참 소중한 시간이었습니다.
　이 책은 단순한 기술서나 미용 안내서가 아닙니다.
　20년 동안 현장에서 수많은 사람들을 만나고 그들의 고민과 함께하며 얻은 깨달음의 기록입니다.
　저의 작은 미용실에서 나누었던 수많은 대화와 진심 어린 조언들이 이 책의 페이지 한 장 한 장을 채웠습니다.

　미용사로서 저의 역할은 단순히 머리카락을 자르고 염색하는 데 그치지 않았습니다.
　사람마다 다른 모발의 성질을 파악하고, 그에 맞는

최적의 솔루션을 제안하는 것이 저의 가장 중요한 일이었습니다.

이 책에 담긴 객관적인 정보와 기술들은 바로 그 과정에서 쌓인 소중한 노하우들입니다.

여러분이 이 책을 통해 얻는 지식들이 더 이상 미용실에서 실패를 경험하지 않고, **스스로 아름다움을 찾아가는 가장 확실한 안내서가 되기를 바랍니다.**

머리카락은 한 사람의 정체성과 자신감을 나타내는 중요한 부분입니다.

저의 가위 끝에서 시작한 작은 변화가 누군가의 삶에 큰 용기와 기쁨을 주었던 것처럼, 이 책이 여러분의 삶에 긍정적인 변화를 가져다주는 촉매제가 되기를 소망합니다.

20년간 수많은 머리를 만졌지만, 제게 가장 중요한 것은 결국 '사람'이었습니다.

머리카락을 통해 서로의 삶을 나누고, 그 안에서 서로의 아름다움을 발견하는 일, 저는 이 일이 정말 행복합니다.

이 책을 읽은 당신이 거울 앞에서 더 이상 고민하지 않고, 자신만의 아름다움을 마음껏 펼쳐낼 수 있기를 진심으로 바랍니다.

조주연의 헤어노트

초판 1쇄 발행 2025년 11월 4일

지은이	조주연
펴낸이	권지현
펴낸곳	이음과펼침
책임편집	이음과펼침 편집부
출판등록	2025년 7월 21일 제2025-000129호
주소	서울시 서초구 양재동 392-3, 202B
이메일	connectnbloom@gmail.com
원고투고	connectnbloom@gmail.com
홈페이지	www.connectnbloom.com

ISBN 979-11-994267-5-7 (03590)

- 가격은 뒤표지에 있습니다.
- 이 책은 저작권법에 의하여 보호를 받는 저작물이므로 무단 전재와 복제를 금합니다.
- 파본은 구입하신 서점에서 교환해 드립니다.